Sobre a Psicologia

Copyright da tradução e desta edição © 2023 by Edipro Edições Profissionais Ltda.

Os textos desta obra foram traduzidos com base em duas publicações, conforme indicado na bibliografia da página 127 desta obra.

Todos os direitos reservados. Nenhuma parte deste livro poderá ser reproduzida ou transmitida de qualquer forma ou por quaisquer meios, eletrônicos ou mecânicos, incluindo fotocópia, gravação ou qualquer sistema de armazenamento e recuperação de informações, sem permissão por escrito do editor.

Grafia conforme o novo Acordo Ortográfico da Língua Portuguesa.

1ª edição, 2023.

Editores: Jair Lot Vieira e Maíra Lot Vieira Micales
Produção editorial: Carla Bettelli
Edição de textos: Marta Almeida de Sá
Assistente editorial: Thiago Santos
Preparação de texto: Thiago de Christo
Revisão: Kandy Saraiva
Revisão do grego: Stefania Sansone Bosco Giglio
Diagramação: Estúdio Design do Livro
Capa: Karine Moreto de Almeida
Adaptação de capa: Aniele de Macedo Estevo

Dados Internacionais de Catalogação na Publicação (CIP)
(Câmara Brasileira do Livro, SP, Brasil)

Schopenhauer, Arthur, 1788-1860

    Sobre a psicologia / Arthur Schopenhauer ; tradução, prefácio e notas de Guilherme Marconi Germer. – São Paulo : Edipro, 2023.

    Título original: Die welt als wille und vorstellung / Parerga und paralipomena
    Bibliografia.
    ISBN 978-65-5660-120-5 (impresso)
    ISBN 978-65-5660-121-2 (e-pub)

    1. Filosofia alemã 2. Metafísica 3. Psicologia - Filosofia I. Germer, Guilherme Marconi. II. Título.

23-160038   CDD-193

Índice para catálogo sistemático:
1. Filosofia alemã 193

Eliane de Freitas Leite - Bibliotecária - CRB 8/8415

São Paulo: (11) 3107-7050 • Bauru: (14) 3234-4121
www.edipro.com.br • edipro@edipro.com.br
@editoraedipro   @editoraedipro

O livro é a porta que se abre para a realização do homem.
Jair Lot Vieira

Arthur Schopenhauer

Sobre a Psicologia

Tradução, prefácio e notas
GUILHERME MARCONI GERMER
Doutor em Filosofia pela Unicamp, pós-doutor em Filosofia pela USP.

SUMÁRIO

Prefácio, *por Guilherme Marconi Germer*	7
Sobre a loucura	23
Sobre o primado da vontade na autoconsciência	29
Sobre o suicídio	81
Observações psicológicas	89
Referências bibliográficas	127

PREFÁCIO

Em um dos últimos aforismos de *Observações psicológicas*, vertidas aqui pela primeira vez ao português, Arthur Schopenhauer (Danzig, 1788 — Frankfurt, 1860) propõe algo de grande importância ao "γνῶθι σεαυτόν" [*gnôthi seautón*] (conhece-te a ti mesmo):

> Quem não frequenta o teatro se compara a alguém que se arruma no banheiro sem se olhar no espelho — porém, faz ainda pior aquele que toma suas decisões sem consultar um amigo.[1]

Na sequência, o filósofo afirma que é muito mais difícil analisar-se a si próprio do que aos demais, pois se, no segundo caso, tendemos a ser mais objetivos, no primeiro, nossa vontade amiúde distorce a consideração mais neutra e a permuta por outras mais vantajosas, ainda que ilusórias. Desse modo, é recomendável nos aconselharmos sempre com alguém próximo e capaz de nos ver de modo mais objetivo; e "pelas mesmas razões pelas quais um médico cura a todos, mas não a si próprio, e deve chamar um colega".[2]

Os textos psicológicos de Schopenhauer aqui traduzidos se assemelham a um "teatro filosófico", pois esse autor não apenas transplantou

---

1. Nesta obra, p. 124.
2. Nesta obra, p. 124.

"límpidas cenas da literatura na sua metafísica"[3] — como bem descreve Jair Barboza —, mas talvez tenha enriquecido ainda mais seus textos psicológicos de referências literárias geniais, belas metáforas e uma prosa suave e elegante. Porém, ainda mais do que a um "teatro filosófico", sua psicologia também se assemelha a um amigo especular: afinal, trata-se de psicologia filosófica, que carrega, portanto, a palavra φιλία [*philía*] (amizade) já em sua raiz. Ou até mais do que isso: se a palavra φιλοσοφία [*philosophía*] (filosofia) também pode ser traduzida por "amor à sabedoria", vemos que Schopenhauer faz jus, aqui, à origem desse domínio, quando trata o leitor com a amorosidade paternal que Friedrich Nietzsche descreve com as seguintes palavras:

> Schopenhauer fala consigo, ou, se quisermos imaginar um auditor, se imagina então um filho, que vem instruído pelo pai. É um modo de exprimir-se honesto, rude, benévolo diante de um auditor que escuta com amor. Esses escritores são raros. O vigoroso senso de bem-estar que emana de quem fala nos envolve ao primeiro soar da sua voz: é como quando entramos em um bosque de troncos altos, respiramos profundamente e nos sentimos de novo bem nele. Em Schopenhauer, há sempre um ar curativo.[4]

Os quatro capítulos aqui compilados estão entre as contribuições mais importantes de Schopenhauer ao campo da psicologia. Para o filósofo, a psicologia tem por escopo a explicação dos fenômenos humanos (e animais) como tais, isto é, não como eventos puramente fisiológicos ou mecânicos, mas a partir da causalidade que nos define propriamente como animais: a psicológica, cujo meio são os motivos ou representações mentais. A psicologia tem por centro, portanto, o "milagre"[5] filosófico por excelência: a identificação do sujeito (do conhecimento) com o objeto (do conhecimento). Essa identidade se enraíza no nó do mundo, no qual tudo parece desaparecer e que consiste no ente mais imediato de todos, para nós: o "eu". Esse ente, no caso do homem, também é o ser mais complexo da natureza, cujas entranhas urgem da sondagem filosófica e científica para serem minimamente

---

3. Barboza, *O náufrago da existência: Machado de Assis e Arthur Schopenhauer — Caricatura, paródia, tragédia e ética animal.* São Paulo: Editora Unesp, 2022, p. 13.
4. Nietzsche, "Schopenhauer come educatore" (1874). Trad. S. Giametta. In: Fazio; Kossler e Lütkehaus, *La Scuola di Schopenhauer: Testi e contesti.* Lecce, Pensa Multimedia, 2009, p. 457-458.
5. Schopenhauer, "Über die vierfache Wurzel des Satzes vom zureichenden Grunde". In: *Sämtliche Werke.* Org. W. F. von Löhneysen. Stuttgart/Frankfurt am Mein, Suhrkamp, 1986c, vol. 3, p. 171.

8

aclaradas. É verdade que a natureza humana é tão profunda, multifacetada e imprevisível que sua investigação científica apresenta limites. Porém, Schopenhauer enfatiza que o que ela perde em exatidão ganha em relevância: cabe a todos nós investigar o ser imediato que somos, e que é, ao mesmo tempo, algo tão próximo e tão distante para nós; e não apenas pelo lado subjetivo, mas também pelo objetivo: pois somos o enigma mais intrigante da natureza, no qual o destino do universo está, em certa medida, lançado. No que ainda concerne à cientificidade da psicologia, Schopenhauer tampouco é pessimista, e relembra que a lei da causalidade vale com o mesmo rigor aos atos humanos quanto vale a qualquer outro fenômeno natural. Afinal: *"Nihil est sine ratione cur potius sit, quam non sit"* (Nada é sem uma razão porque deveria ser em vez de não ser).[6] Essa lei rege, *a priori*, toda a realidade fenomênica, e, sendo assim, qualquer imprevisibilidade quanto ao nosso agir existe apenas em nossa cabeça. No mundo objetivo, todo ato humano deve ter uma causa eficiente e ser o efeito necessário dela, assim como nenhuma pedra que cai pode fazê-lo sem o pressuposto de uma força natural que nela aja (a gravidade, no caso) e sem uma causa eficiente que desencadeie essa força (sua suspensão no ar). Se as condições de qualquer ato humano ou de uma pedra que cai fossem repetidas milhões de vezes, o resultado seria sempre o mesmo; desse modo, se o resultado varia, as condições, com os mesmos entes participantes, é que não são as mesmas. Por isso, cabe à psicologia, bem como às ciências da moral e da antropologia — no vocabulário de Schopenhauer — estudar as causas gerais do agir humano e a regularidade das forças que provocam seu agir: para ele, as *vontades*. Por mais remotas e obscuras que pareçam essas causas e regularidades, elas devem existir e ser passíveis de esclarecimento.

Schopenhauer, portanto, desenvolve uma psicologia empírica em seus textos, mas não de modo sistemático. Afinal, ele crê que a natureza humana se espraia em inúmeras facetas, que ele prefere englobar em uma psicologia igualmente pulverizada em diversos aforismos ou capítulos autossuficientes. Segundo sua visão, a psicologia deve iluminar as particularidades do ser humano que não são notadas pelo olhar usual; de modo que é natural que se constitua de *insights* aclaradores e fragmentados de nossa essência. Esses *insights* visam descortinar, sobretudo,

---

6. Idem, "Über die vierfache Wurzel des Satzes vom zureichenden Grunde". In: *Sämtliche Werke*. Org. W. F. von Löhneysen. Stuttgart/Frankfurt am Mein, Suhrkamp, 1986e, vol. 3, p. 15.

as "singularidades e expressões intelectuais e morais"[7] do homem, bem como a diversidade de suas individualidades. Subordinar esse intento a um sistema muito rigoroso corre o risco de fazer perder de vista a heterogeneidade de seu objeto.

"Sobre a loucura" e "Sobre o primado da vontade na autoconsciência" são dois capítulos extraídos de *O mundo como Vontade e representação* — tomo II (1844), e "Observações psicológicas" e "Sobre o suicídio" derivam de *Parerga e Paralipomena* — tomo II (1851). Esses quatro textos são plenamente autossuficientes e prescindem de quaisquer compreensões de outros conceitos ou trabalhos, deste ou de qualquer outro filósofo. Nos raros momentos em que foi inevitável se referir a um outro argumento ou texto de Schopenhauer, buscamos resumi-lo em notas de rodapé, de modo claro e conciso. Cabe lembrar, ainda, que os dois livros dos quais esses capítulos foram extraídos pertencem à última década de produção do filósofo, conhecida como a sua mais didática, introdutória e "concreta". Se, em sua produção mais jovial, Schopenhauer edificou uma metafísica da Vontade densa e coesa (na qual a Vontade é identificada como a unidade fundamental do universo e fonte de um sofrimento infindo), em seus textos mais tardios ele procurou desenvolver outras perspectivas não mais explicitamente vinculadas à sua metafísica, e que o aproximam mais do empirismo e do materialismo. Justamente por isso, esses textos mais tardios foram mais influentes sobre pensadores contemporâneos, como Nietzsche, Freud e Max Horkheimer, enquanto seus primeiros trabalhos são mais platônicos. Seja por esse elo maior com o pensamento contemporâneo, pelo estilo de escrita adotado, o aforístico ou os capítulos autossuficientes, ou pela própria sabedoria acumulada em vida pelo ancião Schopenhauer, fato é que sua produção tardia foi a que cativou o público durante a vida do autor e conquistou os leitores mais diversificados, que iam desde artistas, cientistas, jornalistas, juristas, etc. até jovens que, por seu intermédio, se aproximavam da filosofia pela primeira vez. Portanto, os quatro capítulos aqui traduzidos são altamente recomendáveis a toda sorte de leitores: desde os que buscam um primeiro contato com a psicologia filosófica até os especialistas, que já podem endereçar-lhes um olhar mais avançado.

"Sobre a loucura" foi citado por Freud em *Contribuição à história do movimento psicanalítico* (1914), escrito reconhecido como um marco na história da psicopatologia, já que antecipou o pilar mais fundamental

---

7. Idem, "Parerga und Paralipomena", Bd. II. In: *Sämtliche Werke*. Org.: W. F. von Löhneysen. Stuttgart/Frankfurt am Mein, Suhrkamp, 1986b, vol. 5, p. 27.

"em que repousa o edifício da psicanálise":[8] a teoria da repressão. Nas palavras de Freud:

> Durante muito tempo vi essa ideia [a teoria da repressão] como original, até que Otto Rank nos mostrou a passagem de Schopenhauer, em *O mundo como Vontade e representação*, em que esse filósofo busca uma explicação para a loucura. O que ele diz sobre a recusa em aceitar algo penoso da realidade coincide tão perfeitamente com o teor de meu conceito de repressão que novamente fiquei devendo à minha pouca erudição a possibilidade de fazer uma descoberta.[9]

Em minha tese de doutorado, comentei essa polêmica de até que ponto é crível a afirmação de Freud de não ter se inspirado em Schopenhauer na elaboração de sua teoria da repressão.[10] À parte essa questão, são realmente surpreendentes as semelhanças de pensamento entre ambos: Schopenhauer explicou a loucura como o resultado mais grave da resistência da vontade inconsciente "em deixar que se submeta ao exame do intelecto o que quer que (...) seja contrário"[11] a seus interesses. Essa resistência é tanto maior quanto mais dolorosa for a rememoração que nossa vontade prefere recalcar ("*zügeln*", no vocabulário de Schopenhauer, ou "*verdrängen*", como prefere Freud). Contudo, esse "esquecimento ativo", operado pela vontade sobre a memória, adoece o pensamento e lhe traz dores ainda mais insuportáveis, que não compensam, de modo algum, o afastamento da lembrança dolorosa. Afinal, sem um pensamento sadio não podemos enfrentar nossos problemas; e mais: a vontade só pode apagar eventos importantes da memória sob o pressuposto de que eles sejam substituídos por ilusões, o que agrava ainda mais as dificuldades. Portanto, Schopenhauer recomenda que todo evento adverso seja assimilado pela consciência, por mais lento e desagradável que esse processo seja. Somente dessa maneira nossa saúde psíquica pode ser preservada e servir de base a um enfrentamento bem-sucedido de nossos conflitos. Quem conhece um pouco de psicanálise já deve ter percebido que, com os termos anteriores, velejamos em um oceano claramente pré-psicanalítico.[12]

---

8. Freud, "Contribuição à história do movimento psicanalítico". In: Freud, *Obras completas*. Trad. P. C. de Souza. São Paulo, Companhia das Letras, 2012, vol. 11, p. 257.
9. Ibidem.
10. Germer, *A crítica da religião como ponto de inflexão: Freud na proximidade da escola de Schopenhauer*. Campinas, Universidade Estadual de Campinas, Instituto de Filosofia e Ciências Humanas, 2015, p. 352-354. (Tese de doutorado)
11. Nesta obra, p. 25.
12. Para uma consulta mais aprofundada dos efeitos adversos do afastamento da realidade

Em "Sobre o primado da vontade na autoconsciência", Schopenhauer já expõe seu "dogma principal",[13] ou "a mais importante de todas as verdades":[14] o predomínio da vontade sobre o intelecto. Isso é feito com base em "uma série de fatos psicológicos";[15] ou, mais precisamente, em doze grupos de argumentos empíricos que o autor agrega à sua demonstração metafísica dessa tese, exposta no segundo livro da primeira edição de *O mundo como Vontade e representação* (1818). Freud, novamente, não tardou em reconhecer a originalidade dessa demonstração, e anotou que "há filósofos famosos que podem ser citados como precursores" de sua teoria do inconsciente (ou, de modo mais amplo, de sua concepção da primazia do inconsciente sobre o consciente). "Antes de todos, o grande pensador Schopenhauer [deve ser reconhecido], cuja 'vontade' inconsciente (*unbewußter "Wille"*) pode ser equiparada aos instintos psíquicos da psicanálise".[16] Segundo o próprio Schopenhauer, de fato, essa sua demonstração do primado da vontade sobre o intelecto revolucionou a história da filosofia, pois:

> Todos os filósofos anteriores, do primeiro ao último, situaram a essência própria ou o cerne do homem na consciência *que conhece*, e tomaram e representaram o "eu", ou a assim chamada alma (com base em inúmeras hipóteses transcendentes), primordial e essencialmente *como algo que conhece, sim, que pensa*; e somente como consequência disso, e de modo subordinado e secundário, portanto, o apresentaram como *algo que quer*.[17]

---

a partir do olhar da psicologia e da educação contemporâneas, e em uma base psicanalítica, cf. Ferenczi, "Confusão de língua entre os adultos e a criança". Trad. Álvaro Cabral. In: Ferenczi, *Obras completas*. São Paulo, Martins Fontes, 2011, vol. IV, p. 111-135; Bion, *Conversando com Bion: quatro discussões com W. R. Bion. Bion em Nova Iorque e em São Paulo*. Trad. P. C. Sandler. Rio de Janeiro, Imago, 1992, p. 38; Archangelo, *A capacidade para não aprender e seu manejo: manejo e contribuições da psicanálise ao cotidiano escolar*. São Paulo, Ed. Zagodoni, 2020; Graça e Correia, "Acerca da multidimensionalidade da categoria sofrimento". *Revista Brasileira de Psicanálise*, São Paulo, vol. 52, n. 3, 2018, p. 110.

13. Schopenhauer, "Der Handschriftliche Nachlass". In: *Sämtliche Werke*, Bd. XI. München, Piper Verlag, 1911-1941a, § 134, p. 255.

14. Idem, "Briefwechsel". In: *Sämtliche Werke*, Bd. XV. München, Piper Verlag, 1911-1941b, p. 491. Apud Debona, "Bemerkungen ou Beobachtungen? sobre as 'observações psicológicas' de Schopenhauer e Rée". *Trans/Form/Ação*, Marília, vol. 42, n. 1, jan./mar. 2019, p. 158.

15. Idem, "Die Welt als Wille und Vorstellung", Bd. II. In: *Sämtliche Werke*. Org. W. F. von Löhneysen. Stuttgart/Frankfurt am Mein, Suhrkamp, 1986a, vol. 2, p. 256.

16. Freud, "Eine Schwierigkeit der Psychoanalyse". In: Freud, *Gesammelte Werke — Chronologische Geordnet*. 17 Bände. Org. A. Freud; E. Bibring; W. Hoffer; E. Kris; O. Isakower. London, Imago Publishing Co. Ltd., 1946, Bd. 12, p. 12.

17. Ibidem, p. 257.

Nas antípodas de toda a tradição, Schopenhauer sublinha inúmeros fatos que documentam que é a *vontade* que, "em última instância, sempre aparece em nossa autoconsciência como o elemento primário e fundamental e afirma completamente o seu primado sobre o intelecto. O intelecto já se apresenta como o elemento secundário, subordinado e condicionado"[18] nela, devendo servir à vontade o tempo inteiro, em suas mais diversas necessidades e desejos. Alguns dos efeitos principais dessa revolução schopenhaueriana na filosofia contemporânea foram anotados por Thomas Mann, premiado com o Nobel de literatura:

> A hostilidade de Nietzsche contra o intelecto, assim como seu antissocratismo, não são outra coisa senão a afirmação e a glorificação filosóficas do descobrimento schopenhaueriano do primado da vontade, da sua concepção pessimista acerca da relação secundária e servil do intelecto com a vontade. Esta concepção, a saber, a constatação (...) de que o intelecto está aí para agradar a vontade, para justificá-la, para proporcionar-lhe motivos que são com frequência aparentes e autoenganosos, para racionalizar os instintos, (...) encerra uma psicologia cético-pessimista, uma ciência da alma de uma inexorabilidade e perspicácia tais que não apenas prepararam o terreno a isto que nós chamamos de psicanálise, mas, sim, já o é.[19]

"Observações psicológicas" já contêm uma leveza e liquidez que convidam o leitor introdutório a abrir o livro nelas. Vilmar Debona resume que elas se compõem de "descrições variadas sobre comportamento humano em geral, caráter, motivos das ações, etc.",[20] nas quais diversas idiossincrasias humanas são descortinadas por um atento olhar de farejador. Elas são "extensas",[21] é verdade, mas apenas em seu conjunto — pois se decompõem em curtos aforismos de fácil leitura, recheados de inspiradas metáforas próprias ou de outros gênios. Os argumentos usados por Paul Rée em favor da adoção do estilo aforístico no campo da psicologia, na esteira de Schopenhauer, podem ser evocados, aqui, como explicação às vantagens desse estilo na observação da mente:

---

18. Ibidem, p. 256-257.
19. Mann, *Schopenhauer, Nietzsche, Freud*. Trad. A. S. Pascual. Madrid, Alianza Editorial, 2008, p. 78.
20. Debona, "Bemerkungen ou Beobachtungen? Sobre as 'observações psicológicas' de Schopenhauer e Rée". *Trans/Form/Ação*, Marília, vol. 42, n. 1, jan./mar. 2019, p. 154.
21. Ibidem.

Aforismos são pensamentos concentrados que qualquer um pode expandir por si só e conforme o seu próprio gosto. Esse estilo literário é recomendável. Em primeiro lugar, porque não é muito fácil expressar uma grande estupidez de um modo breve e lacônico. Afinal, atrás de poucas palavras a tolice não se esconde tão bem como atrás de muitas. Por fim, a grande quantidade de literatura também torna desejável o modo breve de expressão.[22]

Assim como Nietzsche, Rée foi um "herege" da "escola de Schopenhauer",[23] que, embora tenha feito severas críticas à metafísica do mestre, não consegue esconder o quão profundamente influenciado foi por sua psicologia. Não à toa, Rée intitulou sua principal contribuição a essa ciência de *Psychologische Beobachtungen* (1875), expressão que sequer pode ser traduzida com palavras distintas das que usamos até aqui para *Psychologische Bemerkungen,* de Schopenhauer: isto é, *observações psicológicas.* Nietzsche também foi visivelmente tocado pelos textos psicológicos do "grande mestre".[24] E, como Rée, não deixou de adotar o estilo aforístico nesse campo, também vinculando o título de uma de suas principais obras ao capítulo de Schopenhauer que temos em mãos: "A reflexão sobre o humano, demasiado humano [1878] — ou, segundo a expressão mais erudita, a observação psicológica"[25] — não tem, acrescenta Nietzsche de soslaio, em Schopenhauer sua origem mais primeva, mas já era praticada pelos "mestres franceses" do "estudo da alma",[26] entre os quais Michel de Montaigne e François de La Rochefoucauld. Independentemente da origem mais remota da "escola da suspeita"[27] ou do desmascaramento, fato é que, para Nietzsche: "Se tornou necessário o ressurgimento da observação moral, e não pode ser poupada à humanidade a visão cruel da mesa de dissecação psicológica e de suas pinças e bisturis".[28] Essa necessidade se recrudesce ainda mais pelo fato de que, na contemporaneidade,

---

22. Rée, *Psychologische Beobachtungen: Aus dem Nachlass von ***.* Berlin, Carl Duncker, 1875, p. 3.
23. Fazio; Kossler e Lütkehaus, *La Scuola di Schopenhauer: Testi e contesti.* Lecce, Pensa Multimedia, 2009, p. 148-164.
24. Nietzsche, *Genealogia da moral.* Trad. P. C. de Souza. São Paulo, Companhia das Letras, 1998, p. 11. (Edição eletrônica, não paginada)
25. Idem, *Humano, demasiado humano.* Trad. P. C. de Souza. São Paulo, Companhia das Letras, 2005, p. 557.
26. Ibidem, p. 584.
27. Ibidem, p. 21.
28. Ibidem, p. 589.

a "superficialidade psicológica"[29] tem raízes profundas, e sua pobreza se estampa em vários signos. Por exemplo, muito se fala de "pessoas, mas não do ser humano (...). O homem culto que tenha lido La Rochefoucauld e seus pares em espírito e arte é coisa rara, e ainda mais raro aquele que os conheça e não os insulte".[30] Não poderíamos dizer o mesmo, hoje, de quem tenha lido Schopenhauer, ou o tenha feito e não o insulte? A "desconfiança diante do gênero"[31] psicológico é tamanha — prossegue Nietzsche — que contamina até filósofos e cientistas de outros campos: os primeiros, às vezes, estão tão obstinados em descobrir as leis absolutas da experiência ou do pensamento que não conseguem lidar com a diversidade e a "imprevisibilidade" do objeto da psicologia (que, ironicamente, são eles próprios). Já os "homens de ciência"[32] amiúde lançam um olhar muito preconceituoso à sua irmã caçula, acusando-a de ter nascido em círculos sociais bem mais propensos a prestar sacrifícios à coqueteria do que à ciência. Porém, nem a filosofia nem a ciência podem passar sem a "arte da dissecação e composição psicológica",[33] pois nenhum outro campo (fora a moral e a antropologia, na visão de Schopenhauer) aplica o método filosófico e científico ao "objeto imediato",[34] que somos nós, e que também coincide com o principal enigma da existência. Portanto, Nietzsche encoraja a "austera valentia"[35] dos filósofos-psicólogos, que, mesmo diante do desdém dos ignorantes e de seus colegas de conhecimento, não se cansam de amontoar "pedra sobre pedra, pedrinha sobre pedrinha",[36] em busca de alguma luz pelos labirintos da alma. Essas "pedrinhas" seriam, por exemplo, esses *insights* reveladores das profundezas humanas, obtidos por meio da observação factual atenta, e que Schopenhauer buscou condensar nestes capítulos. Porém, o autor tem plena consciência de que não fundou a psicologia filosófica e de que foi precedido por grandiosos autores que também o influenciaram, como "Theophrastus, Montaigne, La Rochefoucauld, Labrupere, Helvetius, Chamfort, Addison, Shaftsbury, Shenstone, Lichtenberg, entre outros".[37]

---

29. Ibidem, p. 597.
30. Ibidem, p. 568.
31. Ibidem, p. 601.
32. Ibidem.
33. Ibidem, p. 560.
34. Schopenhauer, 1986c, p. 172.
35. Nietzsche, 2005, p. 597.
36. Ibidem.
37. Schopenhauer, 1986b, p. 27.

Em "Sobre o suicídio", o filósofo leva sua psicologia filosófica até os últimos limites e questiona o trágico fenômeno da escolha fatal: há algum sentido em forçar a natureza a responder, com extrema prontidão, à pergunta de por qual transformação passamos após a morte? Segundo seu olhar, é "desengonçado" forçar essa resposta, pois, quando a obtivermos, não teremos mais a consciência necessária para ouvi-la. Porém, muito mais importante do que ribombar o suicídio de recriminações moralistas, à moda popular e religiosa, lhe parece reconhecer que essa triste decisão demanda muita coragem e nobreza, e está longe de ser uma imoralidade ou um crime. "Quem não tem um conhecido, um amigo, um parente, que se separou voluntariamente do mundo? — E devemos pensar nele com desgosto, como se fosse um criminoso? *Nego ac pernego!*"[38] A religião perverte a compreensão desse fenômeno tão complexo ao obnubilá-lo com acusações infundadas.

Não traduzimos, aqui, o polêmico capítulo de Schopenhauer sobre as mulheres, pois achamos que ele pode ser mais bem substituído por sua seguinte declaração, em carta, à autora feminista e sua amiga Malvida von Meysenburg:

> Ainda não disse a minha última palavra a respeito das mulheres. Acredito que, quando uma mulher consegue subtrair-se à massa, ou seja, sobressair acima da maioria dos demais, ela se torna capaz de engrandecer-se quase ilimitadamente e bem mais que a maioria dos próprios homens.[39]

No que concerne às nossas opções de tradução, mantive o título adotado por Domenico Fazio para *Psychologische Bemerkungen*: *Observações psicológicas*. É verdade que essa tradução se iguala à de *Psychologische Beobachtungen,* de Rée, como reconhece o próprio Fazio. Porém, concordo com esse tradutor em que faz mais sentido, em português, utilizar a palavra "observações" em dois sentidos ligeiramente distintos: no de Schopenhauer, "de anotações críticas de psicologia empírica",[40] e no de Rée, de modo ainda mais conectado ao "ato de observar (*beobachten*) aquilo que é simplesmente realidade de fato".[41] Desse modo, tanto a psicologia "desmascaradora" de Rée como a de Nietzsche podem ser vistas,

---

38. Nego-o duplamente! (nesta obra, p. 82).
39. Schopenhauer, *Gespräche*. Org. A. Hübscher. Stuttgart: F. Frommann Verlag (Günther Holzboog), 1971, p. 376. Apud Safranski, *Schopenhauer e os anos mais selvagens da filosofia: uma biografia*. Trad. W. Lagos. São Paulo, Geração Editorial, 2011, p. 644.
40. Fazio, D. "Introduzione". In: Rée, P. *Osservazioni Psicologiche*. Trad. D. Fazio. Lecce, Pensa Multimedia, 2010, p. 53.
41. Ibidem.

em certa medida, como aprofundamentos e radicalizações do empirismo psicológico de Schopenhauer, predominante nos presentes textos.

Tentei me alinhar o tanto quanto possível à traiçoeira opção de Jair Barboza de verter *Wille* por "Vontade"/"vontade" — com a inicial maiúscula quando seu sentido for explicitamente metafísico (isto é, como "coisa em si" do homem e unidade fundamental do universo) ou em minúsculas quando se tratar de uma força vital dotada de consciência, em um contexto puramente empírico. Porém, a distinção é muito delicada, e nem sempre concordo com a aplicação de Barboza: por exemplo, em sua tradução dos dois primeiros capítulos aqui vertidos, ele opta pelo uso amplo de "Vontade", mesmo ao tratar do contexto psicológico e empírico. Outra divergência se refere às diversas citações de filósofos e escritores de outras línguas que Schopenhauer utiliza. Parece-me artificial priorizar, na versão em português, a tradução para o alemão que este deu aos textos; em outras palavras, a escolha de Barboza. Afinal, o próprio Schopenhauer cita a produção desses autores em seus idiomas originais e só depois acrescenta sua tradução, provavelmente para seus leitores em alemão. Por que, então, não adotar a mesma estratégia, citando os trechos em seu idioma original e traduzindo-os em seguida para o português? Barboza transtorna essa comunicação ao acrescentar uma terceira língua entre a portuguesa e a original. De todo modo, é muito estranho deparar, em uma versão em português, com a cópia de uma tradução do alemão de um texto escrito em uma terceira língua. Ademais e por fim, percebe-se que Barboza prioriza a tradução do alemão de Schopenhauer como base para suas versões — o que nos distancia ainda mais da fonte original.

Por exemplo, tomemos os seguintes versos ingleses citados por Schopenhauer no original: "*The young man's wrath is like light straw on fire; / But like red-hot steel is the old man's ire*" (*Old Ballad*).[42] Barboza os traduz para: "A cólera do jovem é como palha no fogo; / Mas como ferro ardente é a ira do velho".[43] Entretanto, como se nota, ele omite, do primeiro verso, o adjetivo "*light*" (iluminada, acesa) e, do segundo, o "*red*" (rubro); e, de fato, porque Schopenhauer, em alemão, também o faz quanto ao primeiro deles.[44] Se vertermos direto do inglês, podemos chegar a uma versão mais fiel: "A cólera do jovem é como palha

---

42. Nesta obra, p. 71.
43. Schopenhauer, 2015, p. 286.
44. "*Dem Strohfeu'r gleich, ist Jünglings Zorn nicht schlimm: / Rothglüh'ndem Eisen gleicht des Alten Grimm*" (SCHOPENHAUER, 1986a, p. 306).

iluminada no fogo; / Mas como aço rubro-ardente é a ira do idoso" (Canção antiga). Quanto às diversas citações que Schopenhauer faz do latim, Barboza também não traduz muitas delas, mesmo quando não são de fácil entendimento com base nas semelhanças com o português. Procuramos evitar essa lacuna traduzindo-as todas, salvo quando seu significado saltar à vista com grande distinção, levando-se em consideração as semelhanças com o português.

Guilherme Marconi Germer

Bibliografia

Archangelo, A. *A capacidade para não aprender e seu manejo: manejo e contribuições da psicanálise ao cotidiano escolar*. São Paulo: Zagodoni, 2020.

Barboza, J. *O náufrago da existência: Machado de Assis e Arthur Schopenhauer — Caricatura, paródia, tragédia e ética animal*. São Paulo: Ed. Unesp, 2022.

Bion, W. R. *Conversando com Bion: quatro discussões com W. R. Bion. Bion em Nova Iorque e em São Paulo*. Trad. P. C. Sandler. Rio de Janeiro: Imago, 1992.

Debona, V. "Bemerkungen ou Beobachtungen? sobre as 'observações psicológicas' de Schopenhauer e Rée". *Trans/Form/Ação*, Marília, vol. 42, n. 1, jan./mar. 2019, p. 153-178.

Fazio, D.; Kossler, M.; Lütkehaus, L. *La Scuola di Schopenhauer: Testi e contesti*. Lecce: Pensa Multimedia, 2009.

Fazio, D. "Introduzione". In: Rée, P. *Osservazioni Psicologiche*. Trad. D. Fazio. Lecce: Pensa Multimedia, 2010.

Ferenczi, S. Confusão de língua entre os adultos e a criança. Trad. Álvaro Cabral. In: Ferenczi, S. *Obras completas*. São Paulo: Martins Fontes, 2011, vol. IV, p. 111-135.

Freud, S. "Eine Schwierigkeit der Psychoanalyse". In: Freud, S. *Gesammelte Werke — Chronologische Geordnet*. 17 Bände. Org. A. Freud; E. Bibring; W. Hoffer; E. Kris; O. Isakower. Londres: Imago Publishing Co. Ltd., 1946, Band 12.

_____. "Formulações sobre os dois princípios do funcionamento mental". In: Freud, S. *Obra Completa. Edição Standard Brasileira*. Trad. J. Salomão. Rio de Janeiro: Imago, 1996, vol. XII.

_____. "Contribuição à história do movimento psicanalítico". In: Freud, S. *Obras completas*. Trad. P. C. de Souza. São Paulo: Companhia das Letras, 2012, vol. 11, p. 245-327.

Germer, G. M. *A crítica da religião como ponto de inflexão: Freud na proximidade da escola de Schopenhauer*. Campinas: Universidade Estadual de Campinas, Instituto de Filosofia e Ciências Humanas, 2015. (Tese de doutorado)

_____. "Formulações sobre os dois princípios do funcionamento mental". In: Freud, S. *Obra Completa. Edição Standard Brasileira*. Trad. J. Salomão. Rio de Janeiro: Imago, 1996, vol. XII.

_____. "Diálogo sobre a religião de Schopenhauer e a questão do Irracionalismo". In: Rodrigues, E.; Picoli, G.; Debona, V. (orgs.). *Schopenhauer e a religião*. Florianópolis: Néfiponline, 2021, p. 38-79.

Graça, J. C. e Correia, R. G. "Acerca da multidimensionalidade da categoria sofrimento". *Revista Brasileira de Psicanálise*, São Paulo, vol. 52, n. 3, 2018, p. 109-129.

Lukács, G. *The Destruction of Reason*. Trad. P. Palmer. Londres: The Merlin Press, 1980.

Mann, T. *Schopenhauer, Nietzsche, Freud*. Trad. A. S. Pascual. Madri: Alianza Editorial, 2008.

Nietzsche, F. *Genealogia da moral*. Trad. P. C. de Souza. São Paulo: Companhia das Letras, 1998. (Edição eletrônica, não paginada)

_____. *Humano, demasiado humano*. Trad. P. C. de Souza. São Paulo: Companhia das Letras, 2005. (Edição eletrônica, não paginada)

_____. "Schopenhauer come educatore" (1874). Trad. S. Giametta. In: Fazio, D.; Kossler, M.; Lütkehaus, L. *La Scuola di Schopenhauer: Testi e contesti*. Lecce: Pensa Multimedia, 2009.

Pascal, G. *Compreender Kant*. Trad. Raimundo Vier. Petrópolis: Vozes, 2005.

Platão. *A República*. Trad. C. A. Nunes. Belém: EDUFPA, 2000.

_____. *Protágoras*. Trad. C. A. Nunes. Belém: EDUFPA, 2002.

Rée, P. *Psychologische Beobachtungen: Aus dem Nachlass von ****. Berlin: Carl Duncker, 1875.

Safranski, R. *Schopenhauer e os anos mais selvagens da filosofia: uma biografia*. Trad. W. Lagos. São Paulo: Geração Editorial, 2011.

Schopenhauer, A. "Der Handschriftliche Nachlass". In: *Sämtliche Werke*. Band XI. München: Piper Verlag, 1911- 1941a.

_____. "Briefwechsel". In: *Sämtliche Werke*, Band XV. München: Piper Verlag, 1911-1941b.

_____. *Gespräche*. Org. A. Hübscher. Stuttgart: F. Frommann Verlag (Günther Holzboog), 1971.

_____. "Die Welt als Wille und Vorstellung", Band II. In: *Sämtliche Werke*. Org. W. F. von Löhneysen. Stuttgart/Frankfurt am Mein: Suhrkamp, 1986a, vol. 2.

_____. "Parerga und Paralipomena", Band II. In: *Sämtliche Werke*. Org.: W. F. von Löhneysen. Stuttgart/Frankfurt am Mein: Suhrkamp, 1986b, vol. 5.

_____. "Über die vierfache Wurzel des Satzes vom zureichenden Grunde". In: *Sämtliche Werke*. Org. W. F. von Löhneysen. Stuttgart/Frankfurt am Mein: Suhrkamp, 1986c, vol. 3.

_____. "Parerga und Paralipomena", Band I. In: *Sämtliche Werke*. Org. W. F. von Löhneysen. Stuttgart/Frankfurt am Mein: Suhrkamp, 1986d, vol. 4.

_____. "Über die Vierfache Wurzel des Satzes vom Zureichenden Grunde". In: *Sämtliche Werke*. Org. W. F. von Löhneysen. Stuttgart/Frankfurt am Mein: Suhrkamp, 1986e, vol. 3.

_____. *Aforismos para a sabedoria de vida*. Trad. M. L. Cacciola. São Paulo: Martins Fontes, 2001.

_____. *Aforismos para a sabedoria de vida*. Trad. J. Barboza. São Paulo: Martins Fontes, 2002.

_____. *O mundo como vontade e como representação*. Trad. J. Barboza. São Paulo: Ed. Unesp, 2005.

SOBRE A LOUCURA

A saúde do espírito propriamente dita consiste na perfeita capacidade de recordação. Contudo, não se deve entender por isso que a nossa memória conserva tudo. Afinal, nosso percurso de vida encolhe no tempo como a vereda do caminhante que olha para trás diminui no espaço: às vezes, nos é difícil distinguir com especificidade os anos passados, e seus dias são, na maioria das vezes, irreconhecíveis. Só os acontecimentos muito similares, que se repetem inúmeras vezes e cujas imagens se assemelham uma à outra, devem convergir na memória, embora sejam irreconhecíveis individualmente. Por outro lado, toda ocorrência importante, ou de algum modo peculiar, deve ser reencontrada na memória, caso o intelecto esteja saudável, forte e normal. Em outro texto,[45] caracterizei a *loucura* como a *ruptura* do fio da memória, que continua a correr uniformemente, embora com constante perda de clareza e plenitude.[46] Para a confirmação disso, serve a seguinte consideração:

---

45. Schopenhauer alude ao capítulo citado na nota de rodapé anterior, em que explica a loucura como uma falha na memória, cujo fluxo linear é rompido. Com isso, alguns fatos importantes são substituídos por ilusões, que, caso sejam fixas, se tornam melancolias e, caso sejam passageiras, demências. O que provoca essa ruptura sempre é um sofrimento agudo e permanente, do qual sobretudo os gênios estão mais desprotegidos. (N.T.)

46. É um pouco imprecisa a tradução de Jair Barboza desta expressão do alemão, *Abnehmender Fülle* (perda de plenitude), por ele traduzida por "perda de conteúdo". Para Schopenhauer, a loucura se caracteriza mais por um problema na plenitude, no

A memória de alguém saudável sobre um acontecimento do qual foi testemunha transmite uma certeza considerada tão firme e segura quanto a sua percepção presente de algo. Por isso, quando uma pessoa saudável é interrogada, ela tem o seu juízo considerado como correto com base em suas lembranças. Todavia, a mera suspeita de loucura já invalida o seu depoimento. Aqui, portanto, se encontra o critério da saúde de espírito e da loucura. Tão logo eu duvide de ter realmente acontecido aquilo de que me lembro, atrairei sobre mim a suspeita da loucura; como, por exemplo, quando não estou certo de uma recordação ter sido apenas um sonho. Se uma outra pessoa duvida da realidade de um acontecimento narrado por mim como testemunha, mas não desconfia de minha probidade, então me toma por louco. E quem, após uma narrativa contada muitas vezes sobre um acontecimento inventado, começar a acreditar em sua própria invenção está propriamente enlouquecido. Um louco pode ser considerado como capaz de ter ocorrências inteligentes, pensamentos, de fato, surpreendentes e juízos corretos; contudo, não se pode atribuir validade ao seu depoimento sobre acontecimentos passados. Em *Lalitavistara*, foi contado a Buda Shakyamuni que, no instante de seu nascimento, todos os doentes do mundo se tornaram saudáveis, todos os cegos passaram a enxergar, todos os surdos, a escutar, e todos os loucos "recuperaram a sua memória". Essa última expressão é, inclusive, mencionada em dois lugares diferentes.[47]

Minha própria experiência de anos a fio me levou à conjectura de que a loucura aparece com maior frequência em atores. Afinal, que abuso essa gente não faz de sua memória! Diariamente, têm eles de aprender um novo papel ou refrescar um antigo, os quais, contudo, às vezes são completamente desconexos ou, inclusive, estão em contraste ou são muito distantes um do outro; e, toda noite, os atores têm de se esforçar para esquecer completamente de si e serem outra pessoa. Falando com franqueza, isso tudo aplana o caminho à loucura.

A exposição dada no texto anterior do surgimento da loucura se torna ainda mais palpável quando nos recordamos de com que malgrado não pensamos nas coisas que ferem intensamente o nosso orgulho ou os nossos desejos ou quando nos lembramos de como é difícil

---

sentido de completude, coerência, coesão das partes da memória (pois algumas delas foram amputadas), do que vagamente de "conteúdo". Trata-se também de "conteúdo", mas essa palavra é muito imprecisa, e "plenitude", mais específica. (N.T.)

47. Rgya Tcher Rol Pa, *Histoire de Bouddha Chakya Mouni*. Trad. du Tibétain p. Foucaux, 1848, p. 91 e 99.

submetê-las a um exame minucioso e sério. Ademais, essa exposição também ganha peso ao rememorarmos como é fácil nos apartarmos ou nos subtrairmos inconscientemente de tudo isso e como, pelo contrário, os acontecimentos agradáveis já nos vêm à mente completamente por si sós e, mesmo quando afastados, sempre se esgueiram para perto de nós outra vez, para que passemos a acariciá-los por horas a fio. Naquela relutância da vontade em deixar que se submeta ao exame do intelecto o que quer que lhe seja contrário se encontra o lugar do espírito onde irrompe a loucura. Todo acontecimento novo e adverso, portanto, precisa ser assimilado pelo intelecto, isto é, deve ser situado no sistema de verdades conectadas à nossa vontade e a seus interesses, com a expulsão de seja lá o que for para a manutenção do que lhe pareça mais agradável. Feito isso, as contrariedades passam a nos ferir menos. Essa operação, ainda assim, é muito dolorosa e conquistada geralmente apenas de modo lento e contra grandes resistências; entretanto, a saúde psíquica só pode ser preservada com sua realização bem-sucedida, e em todos os casos necessários. Se, em uma situação particular, o nível de resistência e oposição da vontade ao assimilar qualquer acontecimento ultrapassar um patamar a partir do qual essa operação é negligenciada — e, com isso, os eventos e as circunstâncias adversas forem completamente suprimidos do intelecto, já que a vontade não pode suportar vê-los —, e se as lacunas resultantes desse processo forem preenchidas arbitrariamente e em nome da necessidade de conexão, então a loucura entra em cena. Nesse caso, o intelecto abandonou a sua própria natureza apenas para agradar à vontade, e a pessoa passa a acreditar no que inexiste. Contudo, a loucura gera sofrimentos ainda mais insuportáveis: ela é o último recurso de uma natureza transtornada e atormentada, isto é, da vontade.

Menciono aqui de passagem uma exposição curiosa à qual uma vez assisti: *Carlo Gozzi*, em *Mostro turchino*, Ato I, Cena 2, encenava uma pessoa sob a influência de uma poção mágica que produzia o esquecimento. Seu comportamento era o de um louco.

De acordo com essa demonstração, pode-se entender a origem da loucura como um violento "arrancar da própria cabeça" alguma coisa, o que, de fato, só é possível por meio de um "colocar na própria cabeça" uma outra coisa. Mais raro, porém, é o desenrolar oposto, em que o "colocar na própria cabeça" vem em primeiro lugar, e o "arrancar da própria cabeça", em segundo. Isso acontece nos casos em que o enlouquecido mantém firmemente presente o motivo pelo qual a loucura se deu e não pode mais se afastar dele: como na loucura de enamoramento ou na erotomania, em que a pessoa se entrega de forma obstinada a um motivo, ou como naquela provocada por um susto decorrente de um acidente repentino e terrível. Esses doentes não largam mais os pensamentos fixos — ou, por assim dizer, espasmódicos —, então, nada contrário a isso, nenhuma outra ideia pode lhes ocorrer. Mas, seja originando-se de uma ou outra forma, o essencial da loucura é o mesmo em ambas: a impossibilidade de uma recordação uniformemente coerente, que, como tal, baseia nossa circunspecção racional e saudável. Talvez as diferenças apresentadas entre esses dois tipos de etiologia possam ser usadas como princípios em uma fundamentação acurada e profunda das formas de loucura.[48]

De resto, levei em consideração somente a origem psíquica da loucura, e, portanto, a que se produz por meio de motivos objetivos e externos. Com mais frequência, porém, essa origem repousa em causas puramente somáticas, como deformações, desorganizações parciais do cérebro ou do córtex, influências sobre eles oriundas de outras partes do corpo afetadas por doenças, etc. Sobretudo nesses últimos tipos de loucura, aparecem as falsas visões e alucinações; contudo, na maioria das vezes, os dois modos de insanidade compartilham características um do outro, e, de forma particular, o psíquico do somático.[49] Ocorre, nesse assunto, o mesmo que no suicídio: raramente este último

---

48. É curioso que Freud sempre perseguiu uma *psicopatologia* das formas básicas de perturbações psicológicas. Resumidamente: "Toda neurose tem como resultado e, portanto, provavelmente, como propósito arrancar o paciente da vida real, aliená-lo da realidade" (FREUD, 1996, p. 237). A histeria, que também decorre da repressão, envolve uma alienação análoga, já que, nela, o conflito patogênico também é "esquecido" (na histeria, isso ocorre mais por meio da somatização do conflito, e, na neurose, por meio da transferência do conflito a outra representação mental, que se torna o núcleo de uma obsessão, fobia, etc.). O "tipo mais extremo" (Ibidem) de nossa fuga da realidade é a psicose: nela, o centro do conflito não é propriamente "esquecido", mas mantido em associação com uma ficção. Talvez seja possível relacionar essas três psicopatologias freudianas com as duas modalidades de loucura propostas, aqui, por Schopenhauer: (1) a que se inicia com a expulsão de algo da mente, seguida pela sua substituição por uma ficção (o que anteciparia elementos centrais da neurose e, mais remotamente, da histeria), e (2) aquela em que "o 'pôr na cabeça vem em primeiro lugar', e o 'expulsar da mente', em segundo lugar" (o que preveria algo da psicose). Para a realização desse confronto, contudo, seria necessário um estudo mais detido. (N.T.)

49. Asserções dessa ordem são mais típicas do pensamento tardio schopenhaueriano, quando o autor se aproxima ainda mais das ciências empíricas e do materialismo. No texto anterior sobre o assunto, de 1818 (26 anos antes), nenhuma menção foi feita às causas somáticas da loucura, mas se preferiu relacioná-la à rebeldia estética do gênio. (N.T.)

é produzido apenas por motivos externos; certo mal-estar corporal deve sempre estar em sua base. Então, para que seja concretizado, requer-se um motivo mais ou menos intenso, de acordo com o grau em que se encontra esse mal-estar. Apenas no grau mais elevado não é preciso nenhum motivo exógeno; por isso, nenhuma infelicidade é tão grande que deva induzir ao suicídio todos os que dela sofrem, e, de forma análoga, nenhuma é tão pequena que não possa jamais ter conduzido alguém ao autoextermínio. Por fim, eu observei o surgimento da loucura psíquica, ou ao menos de acordo com todas as aparências que me foram dadas pelos enfermos, como oriunda de uma grande infelicidade. Já nas pessoas fortemente inclinadas a isso por uma questão somática, qualquer contrariedade mínima já é capaz de produzi-la: eu me lembro, por exemplo, de um homem que conheci no manicômio e que tinha sido soldado: tornara-se louco porque um oficial se dirigiu a ele usando o pronome "ele".[50] Ora, com uma decisiva predisposição corporal à loucura, não é preciso, de fato, nenhum ensejo, tão logo ela chegue à sua maturidade. Já a loucura nascida estritamente de causas psíquicas pode, inclusive, gerar, talvez por meio de uma violenta inversão do curso de pensamentos que a produz, uma espécie de paralisação ou qualquer outra depravação de uma das partes do cérebro, o que, se não for remediado rapidamente, pode se tornar duradouro. Por isso, a loucura é curável apenas no início, não, porém, muito tempo depois.

Que exista uma *"mania sine delirium"* (mania sem delírio), ou fúria sem loucura, ensinou Pinel e contestou Esquirol, e, desde então, muito foi defendido em prol dos dois lados. A questão só pode ser decidida empiricamente. Ao chegarmos, realmente, a esse estado de fúria, vemos que a vontade se subtrai, periodicamente e por inteira, do senhorio e da condução do intelecto, da ação dos motivos, e aparece como força natural, destrutiva, impetuosa e cega — e, sendo assim, se manifesta como a busca pelo aniquilamento do que aparece em seu caminho. A vontade solta, portanto, se assemelha à correnteza que arrebenta o dique, ao cavalo que derruba o cavaleiro ou ao relógio cujo mecanismo de obstrução é extraído. Todavia, é somente o conhecimento *reflexivo* — e, portanto, a razão — que é atingido por essa subtração, e não o *intuitivo*; se isso não fosse verdadeiro, a vontade permaneceria sem qualquer direção, e o sujeito ficaria imóvel. Pelo contrário, o que vemos é que um

---

50. Schopenhauer se refere, aqui, ao tratamento informal e desrespeitoso que a cultura alemã encontra, em certos contextos, na não utilização do pronome mais formal de tratamento, o *Sie* (senhor). (N.T.)

homem enfurecido percebe os objetos, dado que se arrebenta contra eles, e que ele também tem consciência de sua ação presente e, depois, memória de tudo isso. Mas ele não possui nenhuma reflexão, e, portanto, condução pela razão. E, assim, é muito incapaz de qualquer consideração ou recordação do ausente, do passado e do futuro. Quando há acesso ao passado, e a razão recupera seu domínio, o comportamento desse homem retoma o rumo correto, pois suas funções não se enlouqueceram nem se depravaram; outrossim, o que houve foi apenas que a vontade encontrou uma maneira de se subtrair da influência do intelecto por algum momento.

SOBRE O PRIMADO DA VONTADE NA AUTOCONSCIÊNCIA

A Vontade, enquanto coisa em si, consiste na essência inata, verdadeira e perene do ser humano: em si mesma, porém, ela é inconsciente. Afinal, o consciente é condicionado pelo intelecto, e este é um mero acidente do nosso ser: pois se trata apenas de uma função do cérebro, o qual, junto aos nervos e à medula espinhal que nele se engancham, é um fruto, um produto, sim, um parasita do restante do organismo, na medida em que não se engrena diretamente no mecanismo do organismo, mas serve apenas ao objetivo da autoconservação, regulando as relações do corpo com o mundo externo. O organismo mesmo, porém, é a visibilidade, a objetificação da vontade individual, a imagem dela tal como se apresenta naquele mesmo cérebro (que nós aprendemos a reconhecer, no primeiro livro, como a condição do mundo objetivo). Por isso, o organismo se subordina às formas de conhecimento do cérebro — vale dizer, o tempo, o espaço e a causalidade — e se apresenta como algo material, extenso e que age sucessivamente, isto é, algo que produz efeitos. Os membros do organismo, por um lado, são sentidos diretamente, e, por outro, intuídos por meio dos sentidos, o que só ocorre no cérebro. De acordo com isso, pode-se dizer: o intelecto é o fenômeno secundário; o organismo, o primário, ou seja, a manifestação imediata da vontade. A Vontade é metafísica; o intelecto, físico. O intelecto é, como seu objeto, um mero fenômeno; coisa em si é somente a Vontade. Logo, em um sentido paulatinamente *figurativo* — e, assim, relativo: a Vontade é a substância do ser humano; o intelecto é o acidente; a Vontade é a matéria; o intelecto, a forma. A Vontade é calor; o intelecto, luz.[51]

Queremos, agora, documentar essa tese e, destarte, aclará-la, antes de mais nada, por meio da indicação dos seguintes fatos da vida interior do ser humano. Com isso, talvez se ganhe mais sobre o conhecimento do interior do homem do que pode ser encontrado em inúmeras psicologias sistemáticas:

1) Não apenas a consciência das outras coisas — isto é, a percepção do mundo externo — mas também a *autoconsciência* contêm, como mencionado acima, um conhecedor e um conhecido, pois, do contrário, não existiria *consciência* nenhuma. Afinal, a *consciência* consiste no conhecer; portanto, deve lhe pertencer um conhecedor e um conhecido. Sendo assim, a autoconsciência não poderia existir se não houvesse nela um conhecido que se opusesse ao conhecedor e dele se distinguisse. Assim, como não poderia haver nenhum sujeito sem objeto, e tampouco nenhum objeto sem sujeito, nenhum conhecedor pode existir sem algo distinto dele e que seja conhecido. Destarte, uma consciência que fosse por inteira uma pura inteligência seria impossível. Ela se assemelharia a um sol que não pode iluminar o espaço caso não haja objetos que reflitam os seus raios. Além disso, o conhecedor não pode ser conhecido enquanto tal: pois, nesse caso, seria o *conhecido* de um outro conhecedor. E como o *conhecido* da autoconsciência nós encontramos, com exclusividade, a *vontade*. Afinal, é sem dúvida apenas afecção da vontade não apenas o querer e o decidir-se por, no sentido mais estreito possível, mas também todo esforço, desejo, evasão, expectativa, medo, amor, ódio — em suma, tudo o que constitui, imediatamente, o próprio bem-estar e a dor, o prazer e o desprazer. O conhecido é apenas movimento, modificação do querer e não querer, e justamente isso é que, quando age para fora, se apresenta como ato da vontade propriamente dito.[52] Sendo

---

51. Essa é a tese que Schopenhauer considera o seu *Hauptdogma*, seu dogma principal (Cf. "Prefácio"): o primado da vontade sobre o intelecto. É natural que o leitor que desconheça sua metafísica não entenda esse argumento nesse momento do texto. Porém, o filósofo apresentará na sequência doze grupos de comprovações psicológicas suas que visam esclarecê-lo. O *Hauptdogma* schopenhaueriano se baseia, então, em duas linhas de argumentação complementares e independentes: a metafísica, exposta no Livro II de *O mundo como Vontade e representação*, e a psicológica-empírica, desenvolvida neste capítulo. (N.T.)

52. É curioso que Agostinho já havia reconhecido isso. Afinal, no décimo quarto livro de *De civitate Dei*, cap. 6 [editio Dombert 2, 9, 33-10, 4], ele mencionou as *"affectionibus animi"* (afecções do ânimo), que, no livro anterior, ele abordou sob quatro categorias:

assim, o conhecido é, em todo conhecimento, o primeiro e essencial, não o conhecedor; aquele é o πρωτότυπος [*prōtótypos*] (protótipo), e este, o ἔκτυπος [*éktypos*] (éctipo, cópia). E, por esse motivo, o elemento primeiro e original na autoconsciência também deve ser o conhecido, no caso, a vontade. O conhecedor, pelo contrário, é apenas o secundário, o acrescido, o espelho. Eles se relacionam entre si mais ou menos de modo semelhante à forma como os corpos luminosos se relacionam com os refletidos ou como a corda que vibra se vincula com a caixa de ressonância — o som que desta retorna é comparável à consciência.

O símbolo da consciência também podemos extrair das plantas, que têm, como é bem sabido, dois polos, a raiz e a coroa:[53] aquela vive na escuridão, na umidade e no frio; esta, na luz, na secura e no calor. Como ponto de indiferença de ambos os polos — e, dessa forma, onde eles se encontram — se ergue, sobre o solo, o caule (*rhizoma, le collet*). A raiz é o original, o essencial e o perene, cuja morte arrasta consigo a da coroa: por isso ela é o elemento primário. A coroa, pelo contrário, é ostensiva, elevada e não mata a raiz ao desaparecer, sendo, portanto, o elemento secundário. A raiz representa a vontade; a coroa, o intelecto; e o caule, ponto de indiferença entre ambas, é o *eu*: como o limite comum daquelas duas partes, ele lhes pertence por igual. O eu é o *pro tempore*,[54] idênticos sujeitos do conhecer e do querer, e a isso nomeei como o milagre κατ᾽ ἐξοχήν [*kat' exochén*] (por excelência), minha primeira inspiração filosófica e mencionado em meu tratado indicado como anterior a todos os outros (*Sobre a quadrúplice raiz do princípio de razão suficiente*). Esse milagre κατ᾽ ἐξοχήν é o ponto de início e de partida de todo fenômeno, isto é, o ponto de início e de partida de toda objetivação da Vontade: pois não só condiciona o fenômeno como também é condicionado por ele. Sendo que essa metáfora pode ser aplicada até mesmo à natureza individual; pois, assim como uma grande coroa só

---

cupiditas, timor, laetitia, tristitia (desejo, temor, alegria, tristeza). Então, acrescentou: "Voluntas est quippe in omnibus, imo omnes nihil aliud, quam voluntates sunt: nam quid est cupiditas et laetitia, nisi voluntas in eorum consensionem, quae volumus? et quid est metus atque tristitia, nisi voluntas in dissensionem ab his, quae nolumus?" (Em todos eles, a vontade pode ser encontrada; em suma, eles não são nada senão afecções da vontade. Afinal, o que são o desejo e a alegria senão a vontade de consentimento ao que queremos? E o que são o medo e a tristeza senão a vontade de não consentir ao que não queremos?"), etc.

53. Jair Barboza traduz a palavra *Krone* original por "corola", que é usada na biologia mais como o conjunto de pétalas da flor. Mas, como Schopenhauer se refere aqui a toda a estrutura superior da planta, preferimos empregar outro termo: "coroa". (N.T.)

54. Por enquanto. (N.T.)

costuma corresponder a uma grande raiz, as maiores capacidades intelectuais também se encontram usualmente nas vontades mais veementes e passionais. Um gênio de caráter fleumático e de paixões fracas se compararia a uma suculenta de coroa vistosa, com uma folhagem volumosa, mas com raízes pequenas. Porém, isso não é algo fácil de encontrar. Que a veemência da vontade e a passionalidade do caráter sejam uma condição da inteligência superior é representado, fisiologicamente, pelo fato de que a atividade cerebral é condicionada pelo movimento que as grandes artérias que correm para a *basis cerebri*[55] lhe comunicam a cada pulsação, de modo que uma batida cardíaca enérgica e, inclusive, de acordo com Bichat, um pescoço curto são requisitos à maior atividade cerebral. Contudo, o que mais se vê é o oposto disso: apetites veementes e caráter passional e impetuoso em um intelecto fraco, isto é, em um cérebro pequeno e desconfortado dentro de uma testa gorda: esse fenômeno tão comum quanto adverso poderia ser comparado, para dizê-lo de alguma maneira, a uma beterraba.

2) Para não descrever a consciência em sentido apenas figurado, mas para que a conheçamos fundamentalmente, devemos, em primeiro lugar, pesquisar o que se encontra da mesma maneira em toda consciência e que, por isso, será não apenas universal e constante, mas também o essencial. Com esse fim, consideraremos, na sequência, o que distingue *uma* consciência da outra, e é, por isso, o elemento secundário e adicional.

A consciência nos é conhecida meramente como uma propriedade da essência animal. Desse modo, poderíamos, ou, antes, deveríamos pensar essa essência como nada senão *consciência animal*; de modo que essa última expressão seria tautológica.[56] O que se encontra sempre e em *toda* consciência animal, e, inclusive, na mais imperfeita e débil delas, e que a fundamenta, portanto, é o tornar-se imediatamente consciente de um *ansiar por* bem como de uma transeunte satisfação e insatisfação, que diferem entre si em diversos graus. Sabemos disso, de certo modo, *a priori*: por mais estranhamente distintos que queiram ser os diversos tipos de animais, por mais esquisitas que sejam todas as novas formas

---

55. Base cerebral. (N.T.)
56. De acordo com a lógica, uma tautologia é uma expressão correta em todos as situações possíveis; por exemplo: "Amanhã vai chover ou não vai chover". O sentido empregado por Schopenhauer aqui é derivado e metafórico, significa "redundância"; dizer "consciência animal" é desnecessário, pois "consciência" já pressupõe a animalidade. (N.T.)

32

deles nunca antes vistas, conhecemos de antemão o mais íntimo de sua essência e com segurança, como algo bem familiar e conhecido e em que, inclusive, podemos confiar completamente. Sabemos, destarte, que todo animal *quer* e, até mesmo, *o que* ele quer: existência, bem-estar, vida e propagação. Na medida em que, por esse caminho, pressupomos de modo completamente acertado sua identidade conosco, lhe atribuímos, sem nenhum rodeio, todas as afecções da vontade que em nós reconhecemos e compreendemos, sem qualquer hesitação, seus apetites, suas aversões, medos, cóleras, ódios, amores, alegrias, tristezas, saudades, etc. Porém, tão logo passamos a discutir os fenômenos do mero conhecimento, topamos com inúmeras incertezas. Que o animal compreenda, julgue, pense e saiba já são coisas que não podemos afirmar: apenas representações lhe atribuímos com confiança. Afinal, sem essas últimas, suas *vontades* não poderiam conferir as respostas supracitadas. Contudo, em relação ao modo de conhecimento exato do animal e os seus limites em determinada espécie, podemos ter apenas conceitos indeterminados ou conjecturas. Sendo assim, também a nossa comunicação com eles é assaz dificultosa e pode ocorrer apenas como resultado artificial da experiência e do exercício. E aqui se encontram diferenças de consciência. Por outro lado, um desejo, uma cobiça, um querer ou uma repulsa, uma evasão ou um não querer são próprios de toda consciência: o homem tem isso em comum até com um pólipo. Isso, portanto, é o essencial, e deve ser a base de toda consciência. A diferenciação de suas manifestações, e nas variadas espécies de animais, depende das distintas extensões de suas esferas de conhecimento, de onde provêm os motivos daquelas manifestações. Nós entendemos imediatamente, e tomando por base nosso próprio ser, todas as ações e os desejos dos animais que expressam os movimentos da vontade, e, por isso, simpatizamos com eles em grande medida e em inúmeros aspectos. O abismo entre nós e eles, pelo contrário, surge apenas da distinção de intelecto. Talvez um abismo não muito menor do que o existente entre um animal muito inteligente e um homem muito limitado se abra também entre um tolo e um gênio, de modo que a semelhança que reagrupa esses extremos e que resulta, como dito, da igualdade de suas inclinações e afetos, salta à vista, amiúde, de um modo surpreendente e que provoca assombro. Essa consideração evidencia que a *vontade* é o substancial e o primário em todos os seres animais, ao passo que o intelecto é o secundário, o adicional. E, de fato, este é um mero artefato a serviço daquela, também sendo, de acordo com as exigências dessa servidão, mais ou menos perfeito ou complicado. Como, segundo os fins da vontade de uma espécie animal, esses seres aparecem no aspecto corporal com cascos, garras, patas, chifres, dentaduras ou asas, da mesma maneira eles também vêm à tona com um cérebro mais ou menos desenvolvido, cuja função é prover a inteligência necessária à sua condição. Quanto mais complicada, portanto, na série ascendente de animais, é a organização de uma espécie, mais múltiplas são suas necessidades e mais multifacetados, e especialmente determinados, são os objetos de que precisam se servir para obter a sua satisfação, ou seja, mais intrincados e distantes são os caminhos que conduzem à satisfação e que têm de ser descobertos e conhecidos por eles. Em igual medida, também devem ser mais minuciosas, exatas, determinadas e interconectadas suas representações, assim como mais minuciosa, prolongada e suscetível sua atenção e, por conseguinte, seu intelecto, que precisa ser mais desenvolvido e perfeito. Nesse sentido, vemos que o órgão da inteligência, todo o sistema cerebral, em associação com a rede sensorial, segue os passos do recrudescimento das necessidades e complexidades do organismo, acompanhado de perto pelo incremento da função *representadora* da consciência (em oposição à *volitiva*), que se apresenta, corporalmente, na relação do cérebro cada vez mais intensa com o sistema nervoso restante; em outras palavras, do grande cérebro em relação às menores partes. Afinal, de acordo com *Flourens*, o cérebro é a oficina das representações, e o sistema nervoso, o condutor e o organizador dos movimentos. O último passo que a natureza realizou nesse aspecto foi, porém, desproporcionalmente grande. Afinal, não apenas o até aqui unicamente existente poder de representação *intuitiva* alcança o grau mais elevado de perfeição nos homens, mas a representação *abstrata*, o pensar, isto é, a razão, e com ela a reflexão, também aparecem. Com esse crescimento significativo do intelecto, do lado secundário da consciência, mantém-se uma preponderância sobre o lado primário, uma vez que, doravante, se torna o mais predominantemente ativo. Por outro lado, com os animais, os processos internos de seus desejos satisfeitos e insatisfeitos constituem, de longe, o principal de sua consciência, e tão mais intensamente é assim quanto menor for o grau que o animal ocupar na série ascendente das espécies. E essa é a razão pela qual o animal em um grau inferior se distingue das plantas somente graças ao acréscimo de uma representação opaca. Com o ser humano, ocorre o oposto. Quão violentos, e, de fato, bem mais violentos do que quaisquer outros animais, são seus desejos, que, como tais, aumentam até o ponto das paixões?! E como não permanece, assim, sua consciência contínua e predominantemente ocupada e preenchida com representações e pensamentos?!

Isso me dá, certamente, a ocasião de responder àquele erro fundamental de todos os filósofos, que sempre colocaram como essencial e primário da assim chamada alma, isto é, da vida espiritual ou interna do homem, o pensamento, priorizando-o sempre e deixando a vontade aparecer e se seguir dele, de modo secundário, como se ela fosse um mero fruto seu. Se, porém, a vontade resulta somente do conhecer, como poderiam os animais, especialmente os inferiores, que possuem pouquíssimo conhecimento, mostrar frequentemente uma vontade impetuosa e violenta? Assim, aquele erro fundamental dos filósofos, de como do acidente se faz a substância, os conduziu a um caminho equivocado do qual não há mais saída. Por outro lado, aquele predomínio relativo que aparece nos homens da consciência *conhecedora* sobre a *volitiva* — e, portanto, do lado secundário sobre o primário — pode ir tão longe em um indivíduo particular e anormalmente favorecido que, no grau mais elevado do desenvolvimento, o lado conhecedor e secundário da consciência se desliga completamente do volitivo e se liberta por si só, isto é, não é mais incitado pela vontade e, dessa forma, não se encontra mais em uma atividade servil em relação a ela. Então, esse lado secundário se torna o claro e puramente objetivo espelho do mundo, do qual procedem as concepções do *gênio*, o que é o tema do nosso terceiro livro.[57]

3) Quando percorremos os graus da série de animais no sentido descendente, percebemos o intelecto sempre se tornando mais imperfeito e

---

57. Em diversos momentos de sua obra, Schopenhauer se refere à sua metafísica do belo, cujo teor demonstra que, quando dizemos que algo é belo (*schön*), afirmamos que revela melhor a sua essência: por isso, *schön*, em alemão, conecta-se com *to show* (mostrar), do inglês. O belo, portanto, consiste no conhecimento mais imediato e completo de que somos capazes das essências puras e permanentes da natureza, batizadas por Platão de "ideias eternas". Elas só podem ser contempladas por um sujeito que também se elevou sobre a experiência ordinária, e esta, em geral, está subordinada aos interesses do corpo (isto é, à vontade). Nessa elevação, ele se torna o puro e atemporal sujeito do conhecimento, livre de vontade e dor. O belo, portanto, consistiria, do ponto de vista objetivo, no mais profundo "quê" do mundo, anterior a todas as relações possíveis (a todos os ondes, quandos e porquês do mundo), e, do ponto de vista subjetivo, no superconhecimento ou na genialidade (artística). Só nesse raro momento estético de purificação é que o intelecto se emancipa da servidão usual à vontade, predominando sobre ela. Porém, são raras as pessoas geniais ou capazes de fruir a beleza em alto grau, e ainda mais raras as capazes de criá-la. Ainda assim, a emancipação intelectual da vontade é uma exceção, mesmo nessas pessoas, pois muitas delas passam a maior parte da vida sofrendo com as dores oriundas de sua desatenção com os interesses da vontade. (N.T.)

fraco; contudo, de modo algum percebemos uma correspondente degradação da vontade. Pelo contrário, esta última sempre mantém sua essência idêntica e se revela com grande fidelidade na vida — nas preocupações com o indivíduo e com a espécie, no egoísmo e na indiferença por todos os outros e nos afetos que se originam disso. No menor inseto, a Vontade já está inteira e completamente presente: ele quer o que quer, tão decisiva e perfeitamente como o homem também quer. A diferença repousa apenas no *que* ele quer, isto é, nos motivos — que, porém, são coisas do intelecto. Apenas este, como secundário e atado aos órgãos corporais, apresenta inúmeros graus de perfeição e é, sobretudo, essencialmente limitado e imperfeito. A *Vontade*, pelo contrário, como fonte originária e coisa em si, não pode ser nunca imperfeita, mas todo ato de vontade é totalmente o que ela pode ser. Devido à simplicidade que compete à Vontade como coisa em si, como o metafísico no fenômeno, o seu *ser* não admite nenhum grau, mas é sempre e completamente o mesmo: apenas sua *excitação* permite gradações, que vão da mais fraca inclinação até a paixão, além de sua susceptibilidade e, por consequência, sua irritabilidade, que vai do temperamento fleumático ao colérico. O *intelecto*, pelo contrário, não se resume aos graus de *excitação*, que vão da indolência à hiperdisposição, mas também encerra os graus de sua própria *essência*. Sua perfeição, que aumenta gradualmente, vai desde o animal mais ínfimo e de percepção tosca até o homem, e, nele, de novo, da tolice à genialidade. Somente a *Vontade* é sempre e completamente ela própria. Afinal, sua função é de uma simplicidade máxima: consiste em querer ou não querer, o que ocorre com a maior facilidade, sem esforço e sem precisar de nenhuma exercitação. Por outro lado, o conhecimento ocupa-se de multifacetadas funções e nunca age, por si só, de modo completamente sem esforço, pois precisa dele para fixar a atenção, determinar os objetos e subir dessas ações ao pensamento e à reflexão, etc. Em razão disso, o intelecto também é capaz de se aperfeiçoar por meio de exercícios e da educação. O intelecto apresenta à vontade um simples objeto intuitivo, ao qual ela expressa, de imediato, seu agrado ou desagrado: assim, o intelecto pesou e ponderou, penosamente, com base em numerosos dados e por meio das combinações mais difíceis, para, enfim, apresentar um resultado mais parecido com o interesse da vontade, então, no mesmo instante, esta — que permaneceu ociosa por todo o tempo — entra em cena, como um sultão no divã, para, de novo, expressar seu monótono "gostei" ou "não gostei", que, embora possam se distinguir quanto ao grau, permanecem sempre os mesmos em relação à essência.

Essa natureza fundamentalmente distinta da vontade e do intelecto, a saber, o fato de que a primeira é essencialmente simplicidade e originalidade, enquanto o segundo já tem uma ocupação secundária e complicada, fica ainda mais clara quando observamos o estranho jogo de alternâncias que se dá entre ambos em nosso interior. Nele, vemos detalhadamente como as imagens e os pensamentos criados pelo intelecto põem a vontade em movimento e o quão diferentes e apartados são os seus papéis. Podemos perceber isso nos eventos que são tomados por reais e que animam a vontade intensamente, muito embora representem, em última instância, meros objetos do intelecto. Ressalve-se que, nesses casos, por um lado, não é tão evidente assim que essa realidade, em última instância e enquanto tal, exista apenas no intelecto, e, por outro, a troca das duas partes na consciência, na maioria das vezes, não acontece tão rapidamente como seria necessário para que as coisas fossem facilmente distinguidas e, com isso, justamente compreendidas: ambas as situações ocorrem quando são os meros pensamentos e as fantasias que deixamos agir sobre a vontade. Quando, por exemplo, refletimos sobre nossos assuntos pessoais e, nessa reflexão, nos é apresentado, com intensidade, algo como uma ameaça de perigo realmente existente ou a possibilidade de um desfecho infeliz, o medo pressiona imediatamente o coração, e o sangue para de correr. Se o intelecto, porém, percebe a possibilidade de um desfecho contrário, e deixa a fantasia desenhar a felicidade longamente ansiada e encontrada pelo caminho por ele apontado, então todas as pulsações adquirem, imediatamente, movimentos alegres, e o coração passa a se sentir bem leve, até que o intelecto desperta de seu sonho. Depois disso, qualquer coisa provoca a lembrança de um insulto ou prejuízo sofrido há muito: imediatamente, uma tempestuosa raiva e um ressentimento invadem seu peito antes apaziguado. Porém, em seguida, vem à tona, e de maneira acidental, a imagem de um amante perdido há bastante tempo, e ao qual se vincula todo um romance com suas cenas de magia; nesse instante, aquela raiva, de súbito, dá lugar a uma profunda saudade e melancolia. Por fim, nos recordamos de qualquer incidente antigo e vergonhoso: nos atrofiamos, queremos sumir, nos ruboriza o rosto e, muitas vezes, buscamos, com uma manifestação sonora, nos retirar violentamente dali e nos distrair, como que afugentando os maus espíritos. Vê-se que o intelecto dá o ritmo, e a vontade deve dançar conforme a música: como se o primeiro deixasse a segunda representar o papel de uma criança que, ao fantasiar e ouvir coisas alternadamente regozijadoras ou entristecedoras de sua babá, passa pelas mais distintas disposições — e isso repousa no fato de que a vontade, em si mesma, é destituída de conhecimento, e o entendimento que se juntou a ela é destituído de vontade. Por isso, ela se comporta como um corpo que se movimenta, e o primeiro, como as causas que o colocam em movimento; afinal, o intelecto é o meio do motivo.[58] Em todos nós, porém, o primado da vontade se torna de novo evidente quando esta faz a sua superioridade ser sentida em última instância pelo intelecto[59] (e tão logo este deixou seu jogo cumprir seu papel, como mostrado), ao proibir certas representações ao intelecto e ao não autorizar que certas linhas de pensamento surjam de fato. Isso ocorre porque o intelecto sabe, isto é, experimenta por meio de si próprio, que esses caminhos colocarão a vontade em qualquer um dos movimentos representados acima; ela, então, reprime[60] o intelecto e o obriga a se dirigir a outras coisas. Por mais que isso pareça um procedimento difícil, é o que deve acontecer assim que a vontade estiver seriamente envolvida nisso; afinal, a resistência, nesse caso, não vem do intelecto, que, enquanto tal, permanece sempre indiferente. Pelo contrário, vem da própria vontade, que, ao deparar com uma representação, em certo sentido, por ela detestada, pode, em outro sentido, também tender a inclinar-se em sua direção. A vontade interessa-se pela representação, porque essa inclinação

---

58. Conforme Schopenhauer, o *motivo* é uma das três submodalidades do conceito de *causa*: ele é sempre uma representação mental do intelecto, pressuposta em toda ação propriamente animal, e o que coloca toda vontade animal em movimento. A quem se interessar, segue um breve resumo da teoria do filósofo: todo fenômeno que acontece no mundo deve necessariamente ser o produto de uma causa (fator externo) e uma força natural (fator interno), que empresta a causalidade, isto é, a força transformadora, à causa. Na natureza estritamente física ou mineral, os fenômenos sempre são provocados por *causas* que consistem no estado ou na configuração dos objetos materiais em jogo; mas essa causa só pode produzir seu efeito sob a ação de uma força natural, como a gravidade, o magnetismo e a impenetrabilidade, etc. Já os fenômenos vegetais, ou da parte vegetativa (inconsciente) dos animais, são provocados por causas que recebem o nome de *estímulos*: nesse caso, os estímulos permitem a manifestação de forças naturais chamadas de forças vitais. Por fim, os fenômenos propriamente animais são provocados por causas denominadas *motivos*: trata-se sempre de representações do intelecto, que colocam as forças vitais dos animais, chamadas de vontade, em movimento. (N.T.)
59. A alternância de que fala Schopenhauer entre o intelecto e a vontade na autoconsciência tem muito a ver com esse jogo de predomínios: em alguns momentos, o autor admite que o intelecto predomina sobre a vontade. Porém, se trata de um primado sempre passageiro, secundário e condicional. "Em última instância" (*in letzter Instanz*) — como escreve aqui — a primazia é a da vontade, que se torna manifesta "de novo" (*wieder*) nos fenômenos que serão descritos na sequência. (N.T.)
60. Em alemão, *zügelt*, que é sinônimo de *verdrängt*, este o termo utilizado por Freud com mais frequência. (N.T.)

a move; contudo, ao mesmo tempo, o conhecimento abstrato lhe diz que essa representação há de trazer-lhe, inutilmente, uma tortuosa ou indigna comoção. Então, a vontade se decide de acordo com esse último conhecimento e obriga o intelecto a obedecê-la. O significado disso soa como "imperar sobre si". E é claro que a imperatriz, aqui, é a vontade, e o servo, o intelecto. Dado que a primeira sempre detém — e em última instância — o regimento, ela consiste no cerne, na essência em si do ser humano. Nesse sentido, o título ἡγεμονικόν [*hēgemonikón*][61] (faculdade comandante) é apropriado à vontade, mas ele parece competir ao intelecto, já que este costuma ser o líder e o condutor, como um guia que leva um viajante estrangeiro. Porém, a bem da verdade, a melhor comparação acerca de ambos é a do cego forte que carrega sobre os ombros um paralítico que enxerga.

A relação aqui exposta entre a vontade e o intelecto também pode ser vislumbrada no fato de que o intelecto é alheio, originalmente, às decisões da vontade. Ele fornece a ela os motivos; contudo, somente os experimenta depois e, portanto, de um modo completamente *a posteriori*, como quem faz um experimento químico, combina os reagentes e, por fim, aguarda os resultados. O intelecto permanece, sem dúvida, tão excluído das decisões próprias da vontade e de suas resoluções secretas que, às vezes, deve experimentá-las como se fossem as de um estranho, por meio de espionagens ou surpresas, ou devendo apanhá-las no ato de suas manifestações, para só então adivinhar suas verdadeiras e ocultas intenções. Por exemplo, lidemos com a situação em que eu tenha criado um plano ao qual se contraponha, ainda, um escrúpulo em mim e cuja viabilidade de execução e sucesso, de acordo com sua possibilidade, seja completamente incerta — pois derivada de circunstâncias externas e pendentes. Como não é preciso, nessa circunstância, tomar de antemão uma decisão sobre o assunto, eu o abandono. Nesse caso, eu, de fato, diversas vezes, não sei que já estou afeiçoado pelo plano em segredo ou o quanto desejo realizá-lo apesar dos escrúpulos; em outras palavras, meu intelecto não sabe de nada. Porém, em resposta a uma informação favorável à viabilidade desse plano, imediatamente se arvora em meu interior uma alegria regozijante e irresistível, e que se propaga sobre todo meu ser e toma posse dele duradouramente. Assim, apenas nesse instante, meu intelecto experimentou como minha vontade já havia considerado aquele plano e quão, para ela, este já parecia exequível, muito embora o intelecto o julgasse completamente problemático

---

61. Termo atribuído aos estoicos.

e considerasse, inclusive, muito difícil que pudesse superar a altura do meu escrúpulo. Tomemos um outro exemplo: suponhamos que eu tenha contraído, com grande zelo, um compromisso mútuo, que acreditei estar em grande conformidade com meus desejos. Mas, com o avanço das coisas, os prejuízos e a fadiga que o rodeiam me tornam sensível, de modo que passo a suspeitar de ter me arrependido do projeto, para o qual trabalhava com muito afinco. Contudo, consigo afastar-me dessa suspeita, uma vez que garanto a mim mesmo que, ainda que não estivesse obrigado pelo compromisso, o levaria adiante de qualquer maneira. Agora, porém, que o compromisso é rompido pela outra parte de forma inesperada, com grande assombro percebo que isso ocorreu para minha grande alegria e meu alívio.

Frequentemente, nós não sabemos de nada do que desejamos, tampouco do que tememos. Podemos nutrir um desejo por longos anos, sem confessá-lo a nós mesmos ou deixá-lo, por um único momento, vir à clara consciência. Afinal, o intelecto não deve experimentá-lo, já que a boa opinião que temos sobre nós mesmos sofreria; caso o desejo se cumpra, então, experimentaremos a felicidade, e não sem certa vergonha, de que desejávamos isso: por exemplo, a morte de um parente próximo de quem somos herdeiros. Às vezes, o que tememos também pouco conhecemos, porque nos falta a coragem de trazê-lo à clara consciência. Assim, constantemente estamos equivocados quanto aos motivos próprios com base nos quais fizemos ou deixamos de fazer algo — até que, finalmente, o acaso nos revela o segredo, e reconhecemos que o que tomávamos por motivos reais não o eram, mas eram uma outra coisa em seu lugar, pela qual não queríamos responder, pois ela não correspondia de modo algum à boa opinião que nutríamos, quando nos equivocamos, sobre nós mesmos. Por exemplo, supomos que deixamos de fazer algo acreditando que essa recusa se devia a motivos tão somente morais; no entanto, depois nos damos conta de que apenas o medo nos detinha, pois realizamos a ação a que antes nos recusamos assim que os diversos perigos são postos de lado. Há casos particulares nos quais esse caminho se alonga até o ponto em que uma pessoa pode não suspeitar sequer uma vez do motivo real de sua ação e, diante de um motivo apontado, se diz completamente incapaz dele; entretanto, esse é o motivo exato de sua ação, e não outro. Inesperadamente, temos nisso tudo uma confirmação e uma elucidação da regra de La Rochefoucauld: *"l'amour-propre est plus habile que le plus habile homme du monde"* [o amor-próprio é mais hábil do que o mais hábil homem do mundo]; e também um comentário do délfico γνῶθι σεαυτόν [*gnôthi seautón*] (conhece-te a ti mesmo) e de sua dificuldade. Se, pelo contrário, como todos os filósofos presumem, o intelecto fosse propriamente a nossa essência, e as escolhas da vontade fossem meros resultados do conhecimento, então, deveria ser decisivo para o nosso valor moral somente *o* motivo a partir do qual nós *julgamos* agir. Porém, é a intenção, e não o resultado, o decisivo nesse assunto. E mais: seria impossível diferenciar entre um motivo real e um julgado conforme aquele prisma. Todos os casos aqui apresentados, portanto, e, com isso, toda atenção análoga que se observa a si mesmo nos deixam ver como o intelecto é tão estranho à vontade que, às vezes, é mistificado por ela, pois ele realmente lhe fornece os motivos apesar de não penetrar na câmara secreta em que as decisões da vontade são tomadas. Deveras, o intelecto é um parente da vontade. Todavia, é um parente que não sabe de nada. Uma confirmação disso ainda é conferida pelo fato de que quase todos terão a chance de observar em si mesmos, ao menos uma vez, que, em algumas ocasiões, o intelecto não confia muito na vontade. Assim, quando tomamos uma decisão grandiosa ou ousada — a qual, e enquanto tal, é propriamente apenas uma promessa dada ao intelecto pela vontade —, muitas vezes permanece uma dúvida, mesmo que não declarada, de se a vontade não está seriamente envolvida com o plano, se não vacilaremos ou recuaremos ante sua execução ou se teremos a persistência e a firmeza necessárias para realizá-lo. É preciso, então, o ato para que possamos convencer a nós mesmos da sinceridade da decisão da vontade.

Todos esses fatos demonstram a total diferença entre a vontade e o intelecto, o primado da primeira e a posição subordinada do segundo.

4) O *intelecto* se cansa; a vontade é incansável. Depois de contínuo trabalho mental, se sente a fadiga do cérebro, assim como, após um trabalho corporal prolongado, a dos braços. Todo *conhecimento* está atado ao esforço; *querer*, pelo contrário, é a nossa essência que se soergue de si própria, e cuja manifestação se dá sem qualquer cansaço e completamente por si mesma. Assim, quando a nossa vontade está nervosa demais, como no caso de todas as afecções — como na raiva, no medo, nos desejos, nas tristezas, etc. —, de modo que somos exortados a *conhecer*, mais ou menos na intenção de corrigir, os motivos dessas afecções, então, pode ser vista a violência a que devemos nos submeter na transição da nossa atividade originária, natural e que parte de si própria, para a derivada, mediata e forçada. Afinal, somente a vontade é αὐτομάτος [*autómatos*] (*autônoma*, se move por si própria), e, com

isso, ἀθάνατος καὶ ἀγήραος ἤματα πάντα [athánatos kaì agéraos émata pánta][62] (lassitudinis et senii expers in sempiternum) [incansável e não envelhece todos os dias]. Somente ela é espontânea e age, com isso, tantas vezes, de modo tão precoce e excessivo. E, além disso, ela desconhece fadiga. Os bebês, que dificilmente mostram os primeiros sinais de inteligência, já são repletos de vontades próprias: por meio de indomáveis bramidos e gritos, revelam a pressão da vontade e, por causa disso, regurgitam, enquanto seu querer ainda não tem um objeto. Ou seja, eles querem, embora sem saber o que querem. Pertence a isso também o que Cabanis observa a seguir:

> Toutes ces passions, qui se succèdent d'une manière si rapide, et se peignent avec tant de naïveté, sur le visage mobile des enfans. Tandis que les faibles muscles de leurs bras et de leurs jambes savent encore à peine former quelques mouvemens indécis, les muscles de la face expriment déja par des mouvemens distincts presque toute la suite des affections générales propres à la nature humaine: et l'observateur attentif reconnait facilement dans ce tableau les traits caractéristiques de l'homme futur. [Todas as paixões, que se seguem umas às outras com tanta rapidez, são pintadas com inocência na visão móvel das crianças. Enquanto os fracos músculos de seus braços e pernas mal são capazes de realizar poucos movimentos indecisos, os músculos do rosto já exprimem quase toda uma série de afetos universais, por meio de movimentos distintos e que são próprios da natureza humana: o observador atento reconhece com facilidade nessas figuras os traços característicos do homem por vir.] (Rapports du physique et moral, vol. I, p. 123)

O intelecto, pelo contrário, se desenvolve com lentidão, seguindo a completude do cérebro e a maturação do organismo inteiro, que são as suas condições; e justamente porque ele é apenas uma função somática. Uma vez que o cérebro alcança seu tamanho completo só com 7 anos, as crianças se tornam, a partir dessa idade, racionais e curiosas, e passam a se destacar na inteligência. Depois disso, porém, vem a puberdade: ela dá ao cérebro, de certo modo, uma repercussão, como que lhe conferindo uma caixa de ressonância, e levanta, de uma só vez, o intelecto a um alto nível, como que uma oitava acima, o que corresponde à gravidade de sua voz, uma oitava abaixo. Mas, ao mesmo tempo, o cérebro entra em conflito com a razoabilidade, que, antes disso, prevalecia; aparecem os desejos animais insurgentes. E isso segue adiante. Além disso, do caráter incansável da vontade se gera um vício, que é mais ou menos próprio a todos os homens da natureza e que apenas

---

62. Segundo Homero: Ilíada, 8, 539.

com a educação é corrigido: a *precipitação*. Ela consiste no fato de que a vontade corre para seus negócios antes do tempo e é, portanto, a puramente ativa e executiva, e que primeiro deve aparecer; depois dela, vêm o deliberante e o explorador — o conhecedor —, apenas quando a ocupação da vontade já terminou. Esse momento, contudo, raramente chega a se concretizar. Nem bem o conhecimento considera superficialmente as coisas, ou apanha de forma apressada alguns poucos dados das circunstâncias presentes, dos acontecimentos vigentes ou das opiniões dadas pelos outros, das profundezas de nosso ânimo e sem ser solicitada, ressurge a nunca cansada e sempre pronta vontade e se apresenta na qualidade de pavor, medo, esperança, alegria, desejo, inveja, tristeza, zelo, raiva, ira, etc., nos impelindo a palavras ou ações apuradas, das quais se seguem, na maioria das vezes, arrependimentos. Nada além do tempo nos ensina que o hegemônico, o intelecto, com sua ocupação com a compreensão e as circunstâncias, reflexões de suas conexões e deliberações do mais oportuno, não tem nem meia hora para chegar a seus pareceres, pois a vontade não espera, mas salta sempre à frente com seu "agora a série [de pensamentos] leva a mim!" e, no mesmo instante, apanha as rédeas da situação, sem que o intelecto possa oferecer resistência, em sua qualidade de escravo ou servo da vontade, e sem ser, portanto, αὐτόματος [*autómatos*], como esta, que é ativa a partir da própria força e estímulo. Por isso, o intelecto é facilmente jogado de lado pela vontade e, por meio de uma advertência desta, posto em silêncio. Por outro lado, para poder ter alguma voz, o intelecto não pode, nem com os maiores esforços, obrigar a vontade a uma curta pausa. Por isso, é muito raro encontrar pessoas — e quase somente entre espanhóis, turcos e, em todo caso, ingleses — que, inclusive nas circunstâncias mais provocativas, *mantêm a cabeça no lugar*, prosseguem imperturbáveis à interpretação e inquirição das circunstâncias e, quando os outros já estariam fora de si, *con mucho sosiego*, fazem uma nova pergunta; o que é algo completamente distinto do sangue-frio, derivado da fleuma e apatia de muitos alemães e holandeses. Uma ilustração insuperável dessa característica elogiada aqui costuma dar Iffland, no papel de Hetmann, o cossaco, em *Benjowski*: quando os conspiradores o trancaram em sua tenda e apontaram uma arma para sua cabeça, mostrando que disparariam tão logo ele começasse a gritar, Iffland soprou no cano do rifle para ver se este estava carregado. De cada dez coisas que nos aborrecem, nove poderiam não resultar nisso se as compreendêssemos de modo fundamentalmente correto e com base em suas causas e, dessa maneira, reconhecêssemos sua necessidade e verdadeira natureza: isso é o que faríamos com muito mais frequência se as tomássemos antes por objeto de reflexão do que por objeto de fervor e desgosto. Afinal, o intelecto significa, para a vontade, o mesmo que as rédeas e o bridão para um cavalo selvagem: com essas rédeas, ela deve ser dirigida pela instrução, advertência, formação, etc., dado que, em si mesma, ela é um impulso tão impetuoso e selvagem como a força que aparece em uma cachoeira em queda livre — e, sim, como sabemos, ela é idêntica, nos fundamentos mais profundos, a essa força. No fervor mais elevado, no êxtase, no desespero, a vontade tem o bridão arrancado dos dentes: evadiu-se e seguiu sua natureza original. Na *mania sine delirium* [mania sem delírio], a vontade perde tanto as rédeas quanto o bridão e mostra, então, da maneira mais clara, sua essência original, da qual o intelecto tanto difere, assim como as rédeas não se parecem com o cavalo; também se poderia compará-la, nessa situação, a um relógio que, depois de ter certos parafusos arrancados, dispara sem freios.

Essa consideração também nos mostra a Vontade como o elemento originário e, com isso, metafísico, e o intelecto, pelo contrário, como o elemento secundário e físico — assim, como tudo que é físico, o intelecto está subordinado à *vis inertiae* [força inercial] e age somente quando estimulado por outro, no caso, a Vontade, que o domina, o conduz e o anima até o cansaço, ou, em poucas palavras, lhe empresta a atividade que não tem nele sua origem. Como resultado dessa relação, o intelecto descansa docilmente tão logo lhe é permitido e se revela muitas vezes *preguiçoso* e sem vontade para a atividade: obrigado a um esforço contínuo, se cansa até o pleno embotamento, se esgota, como uma pilha voltaica submetida a descargas sucessivas. É por isso que todo trabalho mental e permanente exige pausas e descansos, senão, a partir de um ponto, se produzem apenas estupidez e incapacidade, provisórias no início. Porém, se o descanso for negado ao intelecto de forma reiterada, este será tensionado excessiva e continuamente, o que tem por consequência sua permanente desbotadura, que pode chegar, nos mais velhos, ao ponto da completa incapacitação, infantilização, idiotice e loucura. Não é de se atribuir isso à idade em si e para si, mas à longa, contínua e oprimida fadiga do intelecto ou do cérebro, e este, por vezes, se encontra mal nos últimos anos de vida. Isso explica Swift ter se tornado louco; Kant, infantil; Walter Scott, como Wordsworth, Southey e muitos *minorum gentium*,[63] estúpidos e incapazes. Goethe permaneceu com a mente forte e ativo até o fim, pois, como bom homem do mundo

---

63. Pessoas de menor expressão. (N.T.)

e da corte, nunca exercitou suas qualidades espirituais com autoviolência. O mesmo vale para Wieland e Knebel, que chegou aos 91 anos, e também para Voltaire. Isso tudo, porém, apenas prova o quão secundário, físico e, de fato, um mero artefato é o intelecto. Justamente por essa razão, ele precisa, em quase um terço de seu tempo de vida, da completa suspensão de sua atividade no sono, isto é, da paz no cérebro, cuja mera função é ele, precedendo o cérebro ao intelecto, como o estômago à digestão, e os corpos aos seus choques, pelo que o intelecto seca e murcha na velhice.

A *Vontade*, pelo contrário, como coisa em si, nunca se cansa, e é absolutamente infatigável. Sua atividade é a sua essência, ela nunca deixa de querer; e quando, durante o sono profundo, é deixada a sós pelo intelecto, não podendo mais agir tendo impressões de fora como motivos, age enquanto força vital, cuidando, imperturbavelmente, da economia interna do organismo e colocando em ordem, na qualidade de *vis naturea medicatrix* [o poder de cura da natureza], as irregularidades próprias do corpo. Afinal, a vontade não é, como o intelecto, uma função corporal, mas *o corpo é sua função*: por isso, ela é *ordine rerum* [na ordem das coisas] anterior ao corpo, na qualidade de seu substrato metafísico ou da amostra de seu fenômeno. O caráter incansável da vontade ela compartilha, durante a vida, com o *coração*, esse *primum mobile*[64] do organismo que se tornou seu sinônimo e símbolo. Além disso, ela não diminui na velhice, mas ainda quer o que sempre quis e, de fato, se torna ainda mais dura e inflexível do que foi na juventude, implacável, teimosa, indômita, pois o intelecto se tornou mais insensível: por outro lado, às vezes só podemos lidar melhor com a vontade aproveitando essa fraqueza do intelecto envelhecido.

Também as universais *fraqueza* e *imperfeição* do intelecto, que se encontram na ordem do dia com a simploriedade, a parvoíce e a estupidez da grande maioria, seriam completamente inexplicáveis se o intelecto não fosse o elemento secundário, derivado e meramente instrumental, mas a essência original e imediata da assim chamada alma, ou, melhor dizendo, da interioridade humana, como todos os filósofos até agora consideraram. Afinal, como a essência original, em sua função imediata e própria, poderia errar e falhar com tanta frequência? O ser originário e *real*, o *querer*, por outro lado, toma lugar sempre e de forma integral na consciência humana: todo ser quer sem interrupção, e com decisão e capacidade. Considerar o imoral da vontade como uma

---

64. Primeiro motor. (N.T.)

incompletude sua seria um ponto de vista bastante falso; pelo contrário, a moralidade tem uma fonte que se localiza, propriamente dizendo, no além da natureza, de modo que se encontra em contradição com a declaração desta. E esse é o motivo pelo qual a moralidade se opõe diretamente à vontade natural — que é, em si mesma e por excelência, egoísta; e seguir o caminho daquela conduz à supressão desta. Para mais informações sobre isso, reporto o leitor ao quarto capítulo de meu ensaio concursal[65] *Sobre o fundamento da moral.*

5) Que a *vontade* seja o real e essencial no homem, e o intelecto, apenas o secundário, o condicionado e o derivado, também se evidencia por este só poder executar sua função de modo completamente puro e reto no instante em que a vontade se interrompe e se silencia. Afinal, em cada agitação perceptível da vontade, por meio de sua interferência, a função do intelecto é perturbada, e seu resultado, falsificado. Entretanto, não ocorre o inverso, que o intelecto perturbe a vontade de um modo semelhante, da mesma forma como a Lua não pode brilhar quando o Sol está no céu nem o ofuscar quando ele nasce.

Com frequência, vemos que um grande susto nos priva tanto de reflexão que ficamos petrificados ou realizamos algo insano, como correr para as chamas de um fogo recém-iniciado. A raiva não nos deixa saber bem o que fazemos, e ainda menos o que dizemos. O fervor, não à toa chamado de cego, nos torna incapazes de considerar os argumentos alheios ou de sequer observar os nossos próprios argumentos e apresentá-los de maneira ordenada. O *prazer* torna as pessoas irrefletidas, brutais e temerárias: na prática, os *desejos* também produzem isso. O *medo* nos impede de ver e aproveitar os meios de libertação ainda

---

65. A palavra utilizada aqui por Schopenhauer é bastante ambígua: *Preisschrift*, segundo o dicionário *Langenscheidt*, é sinônimo de *Preisgekrönte*, que significa "premiado". Porém, Schopenhauer não ganhou o prêmio ao qual concorreu com esse ensaio, mesmo tendo sido o único autor a submeter um manuscrito ao concurso promovido pela Sociedade Real Dinamarquesa de Ciências em 1839. Dois anos depois, ele republicou esse ensaio com outro trabalho, este sim premiado pela Sociedade Real Norueguesa de Ciências, chamado *Sobre a liberdade da vontade* (1839), sob o título *Os dois problemas fundamentais da ética.* E, em seu "Prólogo", se estendeu bastante no argumento de que a Sociedade Real Dinamarquesa não entendeu a própria pergunta que formulou no concurso. Algumas páginas adiante (ver nota de rodapé 82), Schopenhauer volta a usar o termo *Preisschrift*, mas para se referir a *Sobre a liberdade da vontade*, o que evidencia seus esforços por aproximar ao máximo ambos os textos. Traduziremos, porém, em ambos os casos, *Preisschrift* por "concursal", para evitar problemas. Jair Barboza traduz apenas a primeira dessas duas aparições, por "que concorreu a prêmio", e omite a segunda ocorrência. (N.T.)

existentes, e que, muitas vezes, se encontram próximos de nós. Por isso, para vencer alguns perigos repentinos, como também para guerrear contra adversários e inimigos, o sangue-frio e a presença de espírito são as qualificações mais essenciais. O primeiro consiste no silêncio da vontade, com o qual o intelecto pode agir; a segunda representa a atividade imperturbada do intelecto sob a pressão dos eventos que agem sobre a vontade, por isso o primeiro é a condição da segunda, e ambos compartilham uma conexão íntima. Todavia, eles são raros e existem apenas de modo comparativo. Trata-se, em todo caso, para quem deles dispõe, de uma vantagem inestimável, pois essas qualificações permitem que o intelecto seja usado, e justamente nos momentos em que mais precisamos dele, o que nos confere, por assim dizer, uma superioridade decisiva. Quem não os tem acaba por reconhecer que não fez ou disse aquilo que poderia ter feito ou dito, mas apenas depois de uma oportunidade perdida. É muito comum classificar aquele que se torna presa fácil dos afetos, ou seja, cuja vontade se agita com tal força que suprime a pureza da função intelectual, de uma pessoa *indigna*, pois o conhecimento reto das circunstâncias e relações é nossa arma e escudo na guerra contra os obstáculos e as pessoas. Nesse sentido, Baltasar Gracián afirma: *"Es la pasion enemiga declarada de la cordura"* [A paixão é inimiga declarada da prudência]. Assim, se o intelecto não fosse algo completamente distinto da vontade, como vimos até aqui, mas, pelo contrário, conhecer e querer fossem uma só e a mesma função em sua raiz, e de um ser simples por excelência, então, o intelecto deveria se fortalecer com o alvoroço e o recrudescimento da vontade, que são aquilo em que consiste a afecção; porém, como já dissemos, o intelecto se apaga e definha nessas situações, de tal modo que os antigos chamam os afetos de *animi perturbatio* [perturbadores da alma]. A bem da verdade, o intelecto se compara à superfície espelhada da água, cuja agitação suprime imediatamente a pureza desse espelho e a clareza da imagem refletida. O *organismo* é a própria vontade corporificada, isto é, a *vontade* vista objetivamente no cérebro, de tal modo que, por meio dos afetos da satisfação e, acima de tudo, do vigor, muitas de suas funções, como a respiração, a corrente sanguínea, a secreção biliar e a força muscular, se aceleram e aumentam. O *intelecto,* pelo contrário, é a mera função do *cérebro*, que se alimenta do organismo como um parasita e é suportado por ele; por isso, cada perturbação da *vontade* e, com ela, do *organismo* perturba e paralisa a função conhecedora do cérebro, que existe para si e não necessita de nada além de descansar e se alimentar.

47

Essa influência perturbadora da atividade da vontade sobre o intelecto não deve ser indicada apenas nas perturbações produzidas pelos afetos, mas também em muitas das falsificações graduais e, portanto, prolongadas do pensamento, por meio de nossas inclinações. Nossas *expectativas* nos levam a avistar o que desejamos — e o *medo*, o que tememos — como algo próximo e verossimilhante, além de ampliar seus objetos. Platão (de acordo com Eliano, *Variae historiae*, 13, 28) denominou, muito belamente, a *expectativa* de "sonho da vigília". Sua natureza repousa no fato de que a vontade obriga seu serviçal, o *intelecto*, a que pelo menos desenhe o objeto desejado, se não puder trazê-lo, e, em especial, tome o papel de consolador, para acalmar, com contos de fada, sua senhora, assim como a ama faz com a criança, e abastecê-la, no mínimo, com uma aparência. Claro que, com isso, o intelecto deve violentar sua própria natureza — dirigir-se à verdade —, na medida em que se constringe a tomar por verdadeiras coisas que não são reais nem verossímeis; contrariando suas próprias leis apenas para apaziguar, um pouco, amansar e adormentar a inquieta e indomável *vontade*. Se vê, aqui, com clareza, quem é a senhora e quem é o servo.

Talvez muitos tenham observado que, quando uma ocasião importante para nós permite muitos desfechos, e buscamos considerar todos eles em um único juízo disjuntivo e de acordo com nossa opinião, mas, por fim, o resultado se revela pior do que era esperado, não atentamos para o desenlace mais desvantajoso, pois, enquanto o *intelecto* pensou ter sobrevoado todas as possibilidades, a mais inconveniente nos permaneceu completamente invisível, uma vez que a *vontade*, por assim dizer, tapou-a com a mão. Ou seja, a vontade exerceu tal domínio sobre o intelecto nesse momento que ele foi incapaz de enxergar a situação mais desfavorável, apesar de ela ser a mais provável, já que se tornou realidade. Por outro lado, nos ânimos decisivamente melancólicos ou influenciados por esse sentimento, as coisas se dão de forma invertida. Neles, a preocupação assume o papel antes desempenhado pela expectativa, e o primeiro perigo aparente condena a um medo abissal. O intelecto começa a investigar a questão e é rejeitado como incompetente, ou mesmo como sofista trapaceiro, porque é no coração que deve se dar o crédito — pensa o melancólico. São as hesitações do coração que agora valem de imediato, como pseudoargumentos em prol da realidade e grandeza do perigo. Nesse momento, o intelecto não pode procurar os bons contramotivos que, se estivesse concentrado em si, logo reconheceria, pois é obrigado a representar o mais infeliz desfecho, apesar de ele próprio conseguir pensá-lo como muito pouco plausível:

Such as we know is false, yet dread in sooth,
Because the worst is ever nearest truth.
(Byron, *Lara*, cap. 1).[66]

O *amor* e o *ódio* falsificam completamente nossos juízos: em nossos inimigos, não vemos nada senão erros, e, em nossos amados, somente inúmeras vantagens; e mesmo os seus erros nos parecem adoráveis. Uma força secreta semelhante é desempenhada por nossa vantagem (*Vorteil*), seja de qual tipo for, sobre nosso juízo (*Urteil*):[67] o que é conveniente para nós se torna, de imediato, algo simples, justo e racional. Tomamos o que se projeta de modo contrário aos nossos interesses, pelo contrário, como muito injusto e abominável ou inoportuno e absurdo. Daqui advêm muitos preconceitos (*Vorurteile*) de posição, profissão, nação, seita ou religião. Uma hipótese por nós assumida nos dá olhos de lince para tudo o que a confirme e nos cega para tudo o que a contradiga. O que se opõe ao nosso partido, aos nossos planos, desejos e expectativas com muita frequência podemos não entender ou considerar minimamente, apesar de existir com tanta clareza a todos os demais. Porém, o que nos favorece já nos salta à vista desde longe: o que ataca o coração não pode entrar na razão. Mantemos muitos erros obstinadamente ao longo de nossas vidas e nos reservamos a jamais testar seus alicerces, simplesmente pelo medo inconsciente de vir a descobrir que defendemos o falso e, muitas vezes, acreditamos nele, e por longo tempo. Por tudo isso, nosso intelecto é diariamente corrompido e enganado pelas ciladas das inclinações. Bacon de Verulam o exprimiu, de modo muito belo, com as seguintes palavras: "*Intellectus luminis sicci non est; sed recipit infusionem a voluntate et affectibus: id quod generat ad quod vult scientias: quod enim mavult homo, id potius credit. Innumeris*

---

66. "Aquilo que reconhecemos como falso, ainda assim, nos assusta com seriedade / Pois o pior de tudo sempre é o mais próximo da verdade." A tradução de Barboza desses versos para o português (assim como a de Schopenhauer para o alemão) não reproduz a rima criada por Byron em inglês. Tentamos mantê-la em nossa tradução. (N.T.)

67. Schopenhauer faz um jogo sutil, aqui, entre as palavras *Urtheil* (grafia antiga de *Urteil*, que significa "juízo") e *Vortheil* (grafia antiga de *Vorteil*, que conota "vantajoso"), com o argumento de que o que nos é vantajoso interfere de antemão sobre nosso juízo, moldando-o e distorcendo-o. Dessa distorção é que surge o "preconceito", como Schopenhauer indica na sequência, com a palavra do alemão antigo *Vorurtheil* (*Vorurteil*, na nova grafia, que significa "preconceito"). Jair Barboza não se atentou a esse jogo triplo de palavras e traduziu *Vortheil* já por "preconceito", o que o forçou a traduzir *Vorurtheil* por um sinônimo: "prejuízo". A rigor, porém, *Vortheil* não significa "preconceito", mas "vantagem", e é importante que isso seja indicado para a completude da argumentação. (N.T.)

modis, iisque interdum imperceptibilibus affectus intellectum imbuit et inficit[68] (*Org., nov.*, I, 14). É evidente que isso também se opõe a todas as novas e fundamentais conquistas nas ciências e a todas as refutações dos erros sancionados: afinal, ninguém dará facilmente o seu aval à correção daquilo que lhe revela sua inacreditável falta de pensamento. Somente dessas circunstâncias é possível explicar o fato de as verdades tão claras e simples da teoria das cores de Goethe terem sido rejeitadas pelos físicos. O próprio Goethe precisou experimentar, por esse motivo, como é muito mais complicada a posição de alguém que promete instrução aos homens, e não distração; de modo que lhe é algo muito mais feliz que tenha nascido para ser poeta, e não filósofo. Quanto mais obstinadamente um erro for mantido, mais vergonhoso será, depois, abandoná-lo. Ante um sistema derrubado, como ante um exército vencido, o mais prudente é quem primeiro bate em retirada.

O fato de que nos equivocamos nos cálculos é um exemplo mesquinho e engraçado, porém impressionante, daquele poder secreto e imediato exercido pela vontade sobre o intelecto; sem a menor das intenções fraudulentas, mas apenas com base em uma tendência inconsciente, com muito mais frequência em favor de nossas vantagens do que desvantagens, temos em vista diminuir o nosso *débito* e aumentar o nosso *crédito*.[69]

Quando alguém é aconselhado, uma intenção mínima do conselheiro predomina, na maioria das vezes, sobre sua tão vasta intelecção, o que, por fim, se soma aos nossos exemplos. Não devemos achar que esse conselheiro se manifesta com base na sua visão intelectual, onde quer que suspeitemos existir essa visão. Inclusive, quanta franqueza plena se pode esperar de pessoas de outro modo honestas nas situações em que, de algum modo, seus interesses estão em jogo? Podemos, até, mensurá-lo: diversas vezes, também mentimos a nós mesmos, quando as expectativas nos subornam, o medo nos engana, a suspeita nos atormenta, a

---

68. "O intelecto não é uma *luz seca*, mas recebe influência da vontade e das afecções: aquilo a partir das quais se geram as ciências, e de acordo com nossa vontade. Naquilo que o homem prefere, ele acredita de antemão. Os sentimentos se imbuem no intelecto e o infectam, de inúmeras maneiras e, às vezes, imperceptivelmente." (N.T.)

69. Em sua tese de doutorado de 1813, Schopenhauer afirma que um motivo apenas precisa ser percebido para a ação (§ 20). Porém, neste capítulo apresentado, vemos uma evolução em seu pensamento, pois o filósofo aponta vários motivos inconscientes em nossas ações. Esses motivos não são propriamente percebidos, mas agem ativamente, produzindo efeitos a partir do inconsciente. Freud apresentará uma série de motivos análogos a este exemplo, sobretudo em *Sobre a psicopatologia da vida cotidiana* (1901). (N.T.)

vaidade nos incendeia, uma hipótese nos cega, um objetivo menor, mas que permanece mais próximo, prejudica um maior, embora mais distante. Nesses casos, vemos claramente a influência imediata e inconscientemente desvantajosa da vontade sobre o conhecimento. Então, não precisamos nos surpreender com o fato de que, quando se trata de conselhos e questionamentos, a vontade do interlocutor é que dita a resposta de imediato, além disso, antes mesmo de a pergunta poder ingressar no fórum de seu julgamento.[70]

Com brevíssimas palavras, gostaria apenas de mencionar, aqui, algo que será discutido com detalhes no próximo livro, a saber: que o conhecimento mais perfeito e, portanto, puramente objetivo — vale dizer, a consideração genial do mundo — está condicionado a um silenciamento profundo da vontade. Assim que ela entra em cena, a individualidade é removida da consciência, e o que sobra no homem é apenas o *puro sujeito do conhecimento*, o qual é o correlato da ideia.[71]

A influência perturbadora da vontade sobre o intelecto, comprovada em todos esses fenômenos, e, de forma inversa, a fragilidade e a debilidade do intelecto, pelas quais ele é incapaz de funcionar corretamente tão logo a vontade entre em movimento, comprovam, por várias vias, que a vontade é o elemento radical de nosso ser e age com força originária, ao passo que o intelecto, como o elemento acrescido e condicionado em múltiplos aspectos, só pode agir de modo secundário e condicionado.

Uma interferência imediata do conhecimento sobre a vontade, e correspondente à perturbação e ao estorvo do conhecimento pela vontade apresentados anteriormente, já não existe. Na realidade, sequer podemos nos representar um conceito claro disso. Que motivos falsamente compreendidos transtornem a vontade é algo que não será defendido por ninguém, pois é uma falha do intelecto em sua funcionalidade própria, e que se aplica apenas ao seu domínio. Por isso, a influência do intelecto sobre vontade é completamente mediata. Seria mais verossimilhante ver uma perturbação análoga na *indecisão*, na medida em

---

70. Aqui, encontra-se um critério de distinção muito interessante entre o conselho de um simples "interlocutor" (*Befragten*), ou de um amigo (*Freund*), o qual Schopenhauer descreverá no § 361 de *Observações psicológicas*: enquanto, no primeiro caso, o conselho é, na maioria das vezes, distorcido por uma intenção mínima do conselheiro, sendo, portanto, descartável ou indesejado, no segundo o amigo pode ter uma visão mais objetiva de nós, e ainda mais objetiva do que a nossa, sendo, por isso, imprescindível. (N.T.)

71. Cf. nota de rodapé 59. (N.T.)

que, com o conflito dos motivos que o intelecto traz à vontade, esta se paralisa, sendo, portanto, inibida. Contudo, a uma consideração mais próxima torna-se claro que as causas disso não repousam na atividade do *intelecto* enquanto tal, mas, completamente, só nos *objetos externos* intermediados por ele, que, nesse momento, entram em uma relação com a vontade aqui dividida, de modo a puxá-la para diferentes direções e com uma força muito igual: essas verdadeiras causas agem somente *através* do intelecto, que é o meio dos motivos, muito embora seja verdade que apenas sob a condição de que ele seja suficientemente transparente, para que considere com exatidão os objetos e suas diversas relações. A irresolução, como feição do caráter, é, na prática, condicionada por propriedades tanto do intelecto como da vontade. Ela não pertence, porém, às cabeças extremamente limitadas, pois, por um lado, estas apresentam entendimento fraco, o que não lhes deixa descobrir muitas propriedades e relações nas coisas, e, por outro lado, tampouco são capazes de se esforçar por considerar as coisas ou meditar muito sobre elas, ou seja, sobre as consequências presumidas de cada passo. Por isso, essas pessoas preferem se decidir imediatamente logo após as primeiras impressões, ou de acordo com qualquer regra simples de comportamento. O oposto disso se encontra em pessoas com um entendimento significativo: nelas, assim que entra em cena uma caprichosa precaução com o próprio bem-estar, isto é, um egoísmo bem sensível, que não quer ficar em absoluto com pouco e deseja estar sempre protegido, produz-se uma sensação de pusilanimidade, e a cada passo que se dá, e daí vem a irresolução. Essa característica não significa, de modo algum, portanto, carência de entendimento, mas, em todo caso, carência de coragem. Cabeças muito eminentes, é verdade, sobrevoam as relações das coisas e seus possíveis desenvolvimentos com tal rapidez e precisão que, quando são guarnecidas de coragem, por meio disso tudo alcançam rápidas e firmes decisões — o que as capacita a exercer um papel muito importante no mundo dos negócios, se o tempo e as circunstâncias lhes oferecerem tal oportunidade.

A única perturbação e interferência imediata e decisiva que a vontade pode receber do intelecto é algo de todo excepcional, e consequência de um desenvolvimento do intelecto anormalmente preponderante; logo, daquele alto talento que pode ser descrito como genialidade. Isso, porém, de todo modo é contrário à energia de caráter e, por conseguinte, à força de ação. Portanto, de nenhuma maneira são os espíritos propriamente grandes os capazes de assumir os caracteres históricos e, assim, conduzir a massa humana ou guerrear até o fim no mundo dos negócios. Para tanto servem as pessoas de muito menor capacidade de espírito, mas com grande firmeza, decisão e persistência de vontade, as quais não podem existir muito entre pessoas de bem alta inteligência. Contudo, com estas últimas, realmente acontece o caso em que o intelecto suprime a vontade de forma direta.

6) Em oposição aos impedimentos e às interferências apresentados pela vontade que o intelecto recebe, quero agora mostrar, por meio de alguns exemplos, como também as funções do intelecto são intensificadas e aumentadas por meio dos esforços da vontade e sob as suas esporas. Com isso, também reconheceremos, aqui, a natureza primária destas e a secundária daquelas, o que evidenciará, afinal, que a vontade dispõe do intelecto como se de um instrumento.

Um motivo fortemente ativo, como um desejo ansioso ou uma necessidade iminente, às vezes intensifica o intelecto em um grau que nunca acreditamos que ele pudesse atingir. Circunstâncias difíceis, que nos colocam a necessidade de certos esforços, desenvolvem em nós, completamente, novos talentos, os quais não nos julgávamos nada capazes de possuir e cujas sementes estavam ocultas em nós. O entendimento, inclusive do mais obtuso dos homens, se aguça quando o assunto são objetos muito capitais à vontade: percebem-se as menores situações que tenham referência com seus desejos ou medos, distinguindo-as e se atentando a elas. Tudo isso contribui muito para a esperteza dos tolos, a qual é percebida em muitas situações com grande espanto. Justamente por isso, Jesaías fala, com razão: "*vexatio dat intellectum*";[72] o que, portanto, também é usado de modo proverbial, posto que lhe é semelhante o provérbio alemão: "*die Noth ist die Mutter der Künste*" (A necessidade é a mãe das artes). Dessas artes, porém, as belas artes devem ser excetuadas, pois a semente de cada uma de suas obras, então, a concepção, se origina de uma intuição totalmente destituída de vontade e, somente por meio disso, uma que seja puramente objetiva, caso queira ser autêntica.[73] O entendimento dos animais também é intensificado de maneira significativa por meio da necessidade, de modo que eles realizam façanhas, das quais muito nos admiramos, em situações bem complicadas. Por exemplo, quase todos compreendem que é mais certo não fugir quando se crê não ser visto, e, por isso, a lebre permanece quieta nos buracos do campo e espera o caçador ir embora, passando ao seu

---

72. "A necessidade confere intelecto." (N.T.)
73. Cf. nota de rodapé 59. (N.T.)

lado. Quando não podem escapar, os insetos se fazem de mortos, e assim por diante. Com mais exatidão, pode-se conhecer essa influência por meio da história especial da autoformação do lobo sob as esporas da grande dificuldade de sua posição na Europa civilizada: ela pode ser encontrada na segunda carta do esmerado livro de Leroy, *Lettres sur l'intelligence et la perfectibilité des animaux* [Cartas sobre a inteligência e a perfectibilidade dos animais]. Parecida a essa história, se passa, na terceira carta, à elevada escola da raposa, numa situação análoga em dificuldade, e com forças corporais bem menores, mas que são substituídas por um maior entendimento, que, de fato, somente por meio da luta permanente contra a necessidade, por um lado, e o perigo, por outro, e, assim sendo, sob a espora da vontade, alcança o elevado grau de esperteza que a distingue, e especialmente quando mais velha. Em todas essas intensificações do intelecto, a vontade exerce o papel do cavaleiro que, com suas esporas, movimenta o cavalo para além da medida natural de suas forças.

Justamente por isso, a *memória* também é intensificada sob a pressão da vontade. E, mesmo quando ela é fraca, conserva perfeitamente o que tem valor às paixões dominantes. O enamorado não se esquece de nenhuma oportunidade que lhe seja favorável; o ambicioso, de nenhuma situação que combine com seus planos; o avarento, jamais da perda sofrida; o orgulhoso, tampouco das difamações padecidas; o vaidoso conserva cada palavra do elogio recebido e, inclusive, a menor das distinções que lhe sucedem. Tudo isso também se estende aos animais: o cavalo permanece parado na frente do estabelecimento em que certa vez foi alimentado, há muito tempo. Os cachorros têm uma memória excelente para todas as ocasiões, tempos e lugares que lhes renderam boas abocanhadas, e as raposas, aos diversos esconderijos em que encurralaram uma presa.

Para observações mais sutis a respeito disso, a auto-observação pode ensejar boas ocasiões. Às vezes, acontece comigo de, por causa de alguma perturbação, eu perder completamente aquilo que agora mesmo pensei ou alguma informação que me chegou há pouco nos ouvidos. Se ela tem, de algum modo, um interesse pessoal, mesmo que bem distante, então, é a partir da influência que exerce sobre minha *vontade* que essa reminiscência há de se reencontrar comigo: por meio dessa influência, portanto, eu me torno consciente, e com exatidão, da medida em que essa coisa me afetou, em termos de agrado ou desagrado; como também da modalidade particular em que isso ocorreu, ou seja, se, mesmo que em graus tênues, ela me fez adoecer ou me angustiou, ou me entristeceu, ou me irritou, ou se produziram os afetos contrários a

54

estes, etc. Conservou-se na consciência apenas a relação da coisa com minha vontade, depois que ela desapareceu para mim; e, com frequência, esse é o método a partir do qual se retorna novamente à memória perdida. De um modo análogo, às vezes age sobre nós o aspecto de um homem, quando nos recordamos somente de modo bem geral de tê-lo conhecido, sem, contudo, nos lembrarmos onde, quando, o que houve nem quem ele é. Porém, seu aspecto desperta, com bastante precisão, a sensação que outrora sua pessoa despertou em nós, isto é, se foi agradável ou desagradável, e também em que grau e de que tipo ela foi: assim, somente a reminiscência da *vontade* é conservada pela memória, e não, porém, aquilo que a evoca. O que fica na base desse processo pode ser chamado de memória do coração: ela é muito mais íntima do que a da cabeça. Na realidade, se vai tão longe na conexão de ambas que, quando se pensa com profundidade sobre esse assunto, se chega ao resultado de que a memória precisa do apoio de uma vontade como um ponto de partida ou, antes, de um fio a partir do qual as lembranças são sequenciadas e que as une com firmeza. Ou mesmo se percebe que a vontade é o fundamento no qual as memórias particulares se atam e sem o qual elas não poderiam permanecer firmes; e que, por conseguinte, em uma inteligência pura, em um ser completamente sem vontade e meramente conhecedor, a memória não poderia ser pensada. De acordo com isso, a intensificação acima apresentada da memória por meio das esporas da paixão dominante é somente o grau mais alto daquilo que se acha presente, pelo contrário, em todas as retenções e lembranças, na medida em que a base e a condição de todas elas é sempre a vontade. Portanto, se faz visível em tudo isso como a vontade é muito mais íntima em nós do que o intelecto. Para podermos confirmar isso, também servem os fatos seguintes.

O intelecto também obedece muitas vezes à vontade: por exemplo, quando queremos nos lembrar de algo e, depois de algum esforço, conseguimos fazê-lo. Como também é o caso de quando queremos refletir sobre algo de modo ponderado e exato, entre outras situações análogas. Em algumas ocasiões, porém, o intelecto falha em sua servidão à vontade: por exemplo, quando fraquejamos em nos fixar forçosamente em algo ou reivindicamos inutilmente algo da memória que lhe tinha sido confiado. A cólera da vontade contra o intelecto sentida nessas circunstâncias torna sua relação com ele, e suas diferenças, bem identificáveis. O intelecto atormentado por essa ira por vezes traz o que é exigido depois de horas, de modo completamente inesperado, fora de hora, mas com solicitude. Por outro lado, a vontade nunca obedece ao intelecto; ele é apenas o conselho ministerial de um soberano: lhe apresenta todo tipo de opção, e, depois disso, ela escolhe conforme a sua essência, muito embora se determine com necessidade nessa escolha (afinal, essa essência permanece firme de forma inalterável, e os motivos existem ali). Eis por que não é possível nenhuma ética que molde propriamente a vontade e a melhore. Pois toda lição age meramente sobre o *conhecimento*: este, porém, nunca determina a vontade mesma, isto é, o *caráter de base* da vontade, mas apenas sua aplicação e as circunstâncias apresentadas. Um conhecimento justo pode modificar o agir somente à medida que for capaz de julgar mais corretamente e indicar com mais exatidão os objetos acessíveis à vontade, e de acordo com as escolhas desta. Por meio desse conhecimento, ela avalia, doravante com maior precisão, sua relação com as coisas e pode ver com mais clareza o que quer. Por consequência, se torna menos sujeita a erros ao escolher. Contudo, sobre a vontade mesmo, sobre o direcionamento principal ou as máximas fundamentais suas, o intelecto não exerce nenhum poder. Acreditar que o conhecimento determina a vontade de modo real e fundamental é como crer que a lanterna que alguém traz de noite é o *primum mobile*[74] de seus passos. Quem, por meio da experiência ou do que lhe foi advertido pelos outros, reconheceu e lamentou um defeito fundamental de seu caráter pode olhar com bons olhos, sério e firme, para o propósito de removê-lo e, com isso, melhorar; porém, apesar dessa tentativa, o defeito continua encontrando campo livre de atuação já na oportunidade seguinte. Novos arrependimentos, novos propósitos, novas recaídas, então, aparecem. Quando, por fim, isso já se sucedeu várias vezes, torna-se claro a essa pessoa que ela não pode melhorar, que o defeito está em sua natureza e personalidade, e que estas estão, de fato, unidas a ele. Portanto, sua personalidade e natureza são reprovadas ou condenadas, um sentimento doloroso entra em cena, que pode chegar até a torturar a consciência, mas ele é simplesmente incapaz de modificar seu defeito. Vemos separarem-se, aqui, aquele que reprova daquilo que é reprovado: vemos no primeiro um poder meramente teórico de mirar e arranjar o curso de vida, de uma maneira elogiosa e desejável; e o segundo, por sua vez, como uma existência inalterável que, apesar da primeira instância, segue seu curso de modo completamente distinto. Porém, também observamos que a primeira instância retorna ao outro lado com queixas impotentes sobre sua natureza, mas, com ele, e justamente por meio de suas aflições, de novo se identifica. Vontade e

---

74. "Primeiro movido." (N.T.)

intelecto, portanto, se separam, aqui, com plena clareza. E, nisso, se revela a vontade como o elemento mais forte, insubordinável, inalterável, primitivo e, ao mesmo tempo, também o essencial e o que interessa. O intelecto, por sua vez, lastima suas falhas e não encontra nenhuma compensação na correção do *conhecimento*, que é a sua função própria. Este se revela, portanto, como algo completamente secundário, ou seja, em parte, como um observador externo às ações que ele acompanha, com suas repreensões e elogios impotentes, e, em parte, como algo que é determinado desde fora, na medida em que modifica e constrói suas instruções com base nas lições da experiência. Esclarecimentos particulares sobre esse objeto podem ser encontrados em *Parerga e paralipomena*, Tomo 2, § 118. De acordo com isso, ao compararmos os diversos modos de nossos pensamentos durante as fases da vida, se oferece uma curiosa mistura de constâncias e transformações. De um lado, a tendência moral do adulto e do idoso é ainda a mesma que a do jovem; por outro lado, porém, muito do anterior lhe é tão estranho que ele nem se reconhece mais, e se admira com o modo como ele próprio, um dia, pôde ter feito ou dito isso ou aquilo. Na primeira metade da vida, o hoje, na maioria das vezes, ri do ontem e o mira com desprezo, como que de cima para baixo. Na segunda metade, se olha retroativamente para trás de modo cada vez mais invejoso. Uma investigação mais acurada, porém, mostra que o que se transforma é o *intelecto*, com suas funções de intelecção e conhecimento — as quais, se apropriando, cotidianamente, de novos materiais desde fora, apresentam um sistema de pensamentos sempre cambiante. Além disso, o próprio intelecto também amadurece e definha com o desabrochar e o murchar do organismo. Por outro lado, o que aparece como o inalterável na consciência, e que se legitima, de maneira direta, como a sua base, é a vontade, e, logo, as inclinações, as paixões, os afetos e o caráter. Nela, porém, também devem ser levadas em conta algumas modificações que dependem tanto das capacidades corporais para o gozo como, assim, da idade. Por exemplo, a cobiça por prazer sensível aparece, na infância, como glutonia; na juventude e na maturidade, na queda por volúpia; e, na velhice, retorna à glutonia.

7) Se, de acordo com essa hipótese geral, a vontade provém do conhecimento, na qualidade de seu resultado ou produto, então, onde há muita vontade também deveria haver muito conhecimento, intelecção e entendimento. Porém, isso está longe de ocorrer; pelo contrário, encontramos em muitos homens uma vontade forte, isto é, resoluta, decidida, pertinaz, teimosa, inflexível e violenta, atada a um entendimento bem

incapaz e fraco. Por isso, justamente quem tem de lidar com esses homens pode ser levado ao desespero, pois suas vontades são inacessíveis a todas as razões e argumentações, de modo que não se pode competir com eles. Ou seja, eles se encontram como que enfiados em um saco e, dentro dele, *desejam* cegamente. Os animais têm, com frequência, vontades veementes e obstinadas, mas muito pouco entendimento; e as plantas, por fim, encerram apenas vontade, sem qualquer conhecimento.

Se a vontade se originasse meramente do conhecimento, então nossa *cólera* deveria ser sempre proporcional aos seus motivos, ou, ao menos, ao nosso entendimento deles. Afinal, ela não seria senão o resultado de um conhecimento presente. Contudo, é muito raro que isso aconteça: na maioria das vezes, a cólera excede seus motivos. Nossa fúria e raiva, o *furor brevis*, são frequentemente desencadeadas pelos menores motivos, e sem que haja erros na compreensão deles; ela se compara à algazarra de um demônio mau que, encarcerado, só esperou a oportunidade para poder arrebentar, e que, agora, se rejubila de tê-la encontrado. A cólera jamais poderia se assemelhar a algo assim se o fundamento de nossa essência fosse algo *conhecedor*, e o querer fosse um mero resultado do *conhecimento*: afinal, como poderia chegar ao resultado aquilo que não participou dos elementos do processo? A conclusão não pode conter mais do que as premissas. A vontade se mostra, assim, também por essa via, como uma essência de todo distinta do conhecimento, e que só se serve dele para comunicar-se com o mundo externo, obedecendo, portanto, às leis de sua própria natureza e sem tomar do conhecimento nada mais do que os motivos.

O intelecto, enquanto mera ferramenta da vontade, é tão diferente dela quanto o martelo o é do ferreiro. Por todo o tempo em que somente o intelecto é ativo — por exemplo, em uma conferência —, a vontade permanece *fria*. É quase como se o ser humano não estivesse ali. Ele também pode não estar muito comprometido ou até ridicularizar essa situação, mas somente quando a vontade entra em jogo é que o ser humano está realmente ali: nesse momento, ele se torna *quente* e, inclusive, em inúmeros casos, também aceso. Por isso, sempre se atribuiu à *vontade* o calor humano, e, pelo contrário, sempre se falou em entendimento *frio* ou em se investigar uma coisa *friamente*, isto é, em pensar sem a influência da vontade. Tentar inverter essa relação, e considerar a vontade como uma ferramenta do intelecto, seria como tomar o ferreiro pelo seu instrumento, o martelo.

Nada é mais aborrecedor do que quando discutimos com uma pessoa com argumentos e ciência e nos doamos com todo esforço buscando convencê-la, sob a opinião de estarmos lidando com seu *entendimento*, e eis que, finalmente, descobrimos que ela não *queria* entender: tratávamos com sua *vontade*, que se fechou à verdade e pôs à mesa apenas incompreensões travessas, chicanas e sofismas, entrincheirando-se atrás de seu entendimento e de sua alegada não intelecção. Ora, sem dúvida, é impossível competir com uma pessoa assim, *pois razões e demonstrações, quando empregadas contra a vontade*, são como o reflexo de um espelho côncavo lançado contra um corpo sólido. E daí também advém a expressão repetida tantas vezes: *stat pro ratione voluntas.*[75] O bastante das comprovações disso tudo já é fornecido pela vida comum. Mas, infelizmente, elas também podem ser encontradas pelo caminho das ciências. O reconhecimento das verdades mais importantes, bem como das realizações mais excepcionais, é inutilmente esperado daqueles que têm interesse em não as deixar valer. Afinal, ou esses reconhecimentos contradizem o que ensinam diariamente, ou eles não podem utilizar ou mencionar esses reconhecimentos, ou, inclusive, quando nenhum desses é o caso, é porque a solução imediata dos medíocres de todos os tempos é de que: "*si quelqu'un excelle parmi nous, qu'il aille exceller ailleurs*"[76] — como Helvétius interpreta primorosamente, relendo o provérbio dos efésios no quinto livro tusculano de Cícero (cap. 36). De significado semelhante nesse sentido há também o seguinte provérbio do abissínio Fit Arari: "O diamante se encontra em ostracismo entre os quartzos". Quem espera, portanto, uma valorização justa de suas realizações da massa incalculável de pessoas sempre se verá muito frustrado, e destas poderá, inclusive, não entender o comportamento às vezes; até que, por fim, se aperceba de que, enquanto prestou honras ao *conhecimento*, a massa sempre se atou somente à *vontade*. E, por isso, um homem com essa esperança se vê, de toda forma e como no caso acima descrito, semelhante a alguém que conduz uma causa diante de um tribunal de juízes corrompidos. Em situações particulares, porém, ele achará a prova mais cabal possível de que a *vontade* dessas pessoas, e não sua *intelecção*, é que se opõe a ele: quando, por exemplo, um ou outro membro da massa resolve plagiar, então, ver-se-á com que assombro eles são muito astutos e têm uma autêntica sensibilidade para os méritos dos outros, e com que acerto são capazes de reconhecer o melhor; assim como os pardais, que não falham em encontrar a cereja mais madura.

---

75. "A vontade se põe à frente da razão." (N.T.)
76. "Se há alguém que se destaca entre nós, que vá se destacar em outro lugar." (N.T.)

O contrário dessa vitoriosa resistência da vontade contra o entendimento aqui comentada aparece nos casos em que, na exposição de suas razões e demonstrações, se tem a vontade do outro a seu favor: então, tudo é perfeitamente concludente, todos os argumentos são convincentes, e a questão está tão clara quanto o dia. Tanto em um caso como em outro, a vontade se revela como aquilo que é originalmente forte e contra o qual o intelecto nada pode.

8) Agora, queremos levar em consideração as propriedades individuais e, portanto, as qualidades e os defeitos da vontade e do caráter, de um lado, e do intelecto, de outro, para que também esclareçamos a total diferença de ambos, que são potências fundamentais em suas relações um com o outro e em seus valores relativos. A história e a experiência ensinam que ambos se apresentam de modo completamente independente um do outro: que a mais elevada excelência da mente não se encontre facilmente em união com uma excelência de caráter semelhante tem explicação suficiente, tendo em vista a grande e inexprimível raridade de ambos. Já os seus opostos sempre estiveram na ordem do dia e, por isso, podem ser encontrados juntos cotidianamente. Todavia, uma cabeça extraordinária não é derivada jamais de uma boa vontade, nem esta, daquela, tampouco do oposto de uma o oposto da outra, mas, sim, todo observador imparcial deve tomá-las por propriedades completamente distintas, cuja existência, em si, só pode ser descoberta por meio da experiência. Grande limitação da cabeça pode coexistir com uma bondade maior do coração, e eu não creio que Baltasar Gracián (*El discreto*, p. 406) tenha razão quando diz: "*No [h]ay simple, que no sea malicioso*" (Não há simplório que não seja maldoso), embora tenha a seu favor o dito espanhol "*nunca la necedad anduvo sin malicia*" (Nunca a necessidade andou sem maldade). Contudo, pode ser que muitos tolos se tornem maldosos pelas mesmas razões que muitos corcundas o fazem, ou seja, pela irritação com a injustiça recebida da natureza, que os leva a tentar, ocasionalmente, restituir o que lhes falta em entendimento com a perfídia, mirando, assim, um breve triunfo. De forma análoga, é espontâneo, e mesmo compreensível, que quase todos, ao se depararem com uma cabeça muito eminente, facilmente se tornem maldosos. Por outro lado, com grande frequência os tolos têm a fama de levar uma bondade especial no coração — porém, essa fama é confirmada em casos tão raros que eu deveria me admirar, pois a conquistam. Contudo, pude me tranquilizar por ter encontrado a explicação disso, que é a seguinte: todas as pessoas escolhem para o trato próximo, e movidas por

um fôlego secreto, alguém que, preferencialmente, seja superado um pouco por elas em entendimento; afinal, somente assim hão de sentir-se confortáveis. Pois, como escreve Hobbes: "*omnis animi voluptas, omnisque alacritas in eo sita est, quod quis habeat, quibuscum conferens se possit magnifice sentire de se ipso*"[77] (*De Cive*, I, 5). E, pelas mesmas razões, todos fogem daquele que *lhes* supera. Por isso, Lichtenberg enuncia, de modo completamente certo, que: "a certos homens, uma pessoa com cabeça é uma criatura mais fatal do que o mais declarado dos patifes". E, de modo correspondente a isso, Helvétius fala que: "*les gens médiocres ont un instinct sûr et prompt, pour connaître et fuir les gens d'esprit*".[78] Por fim, Dr. Johnson também assegura que: "*there is nothing by which a man exasperates most people more, than by displaying a superior ability of brilliancy in conversation. They seem pleased at the time; but their envy makes them curse him at their hearts*"[79] (*Boswell; aet. anno* 74). Para trazer a lume essa verdade tão universal e encoberta de modo cuidadoso, também podemos mencionar um trecho de Mercks, o célebre amigo de juventude de Goethe, contido em sua narrativa *Lindor*:

> Ele tinha talentos que a natureza lhe dera, e dos quais se apropriara por meio de conhecimentos. Esses talentos faziam com que deixasse bem para trás, na maior parte dos grupos, os homens ali presentes e bem-avaliados. Se, por um lado, nesses momentos de deleite para os olhos com homens assim extraordinários, o público também engole suas vantagens, por outro, ele não toma isso imediatamente por mau. Porém, fica uma certa impressão desse sentimento, que, caso reapareça com frequência, pode gerar, no futuro e em situações graves, consequências desagradáveis aos culpados por esses sentimentos. Embora as pessoas não tenham consciência de que, nesses encontros, foram desagradadas, elas não relutam em ficar silenciosamente no caminho do homem extraordinário, em relação à sua promoção ou não, como um obstáculo.

Por isso, a grande superioridade espiritual isola mais do que todas as outras e, pelo menos silenciosamente, provoca ódio. O oposto disso, portanto, é o que faz os tolos serem amados de forma tão universal, na medida em que muitos podem encontrar, neles, o que, de acordo com

---

77. "Todo prazer da mente e todo entusiasmo dependem de que tenhamos alguém por perto com quem, uma vez comparados, possamos nos sentir magnânimos." (N.T.)
78. "Pessoas medíocres têm um instinto rápido e seguro de reconhecer as pessoas de espírito e fugir delas." (N.T.)
79. "Não há nada que leve um homem a incomodar mais a maioria do que lhe apresentar uma habilidade superior de brilho em conversações. A maioria até gosta dele no momento, mas sua inveja a leva a amaldiçoá-lo em seu coração." (N.T.)

as leis de sua natureza acima mencionadas estão destinados a procurar. Porém, essa razão verdadeira de uma tal simpatia não é confessada a si próprio por ninguém, muito menos aos outros; por conseguinte, como pretexto plausível para essa simpatia, atribui-se uma especial bondade de coração a seus escolhidos, a qual, porém, como dito, é muito rara e só coexiste com a limitação mental acidentalmente. A obtusidade não é, portanto, de modo algum, familiar ou favorável à bondade de caráter. Por outro lado, tampouco se pode afirmar que o entendimento agudo coincide com a bondade; pelo contrário, nenhuma grande maldade poderia ter sido feita até hoje sem tal entendimento. A bem da verdade, a mais elevada eminência intelectual pode coexistir com a mais grave repugnância moral, e um exemplo disso foi Bacon de Verulam. Esse homem ingrato, despótico, maldoso e infame foi tão longe que, mesmo sendo lorde, grande chanceler e o mais elevado juiz do reino, se deixava corromper frequentemente nos processos civis: acusado por seus pares, admitiu-se culpado e foi condenado a sair da casa dos lordes, pagar uma multa de quarenta mil libras e ser encarcerado em uma torre (vejam a recensão da nova edição da obra de Bacon, na *Edinburgh Review,* ago. 1837). Por essas razões, Bacon foi chamado por Pope de "*the wisest, brightest, meanest of mankind*" (o mais sábio, brilhante e abjeto ser da humanidade) (*Essay on man,* IV, 282). Um exemplo semelhante nos confere o historiador Guicciardini, do qual Rosini, em seu romance histórico *Luisa Strozzi,* conta *Notícias históricas,* tiradas de fontes confiáveis e contemporâneas a ele:

> *da coloro, che pongono l'ingegno e il sapere al di sopra di tutte le umane qualità, questo uomo sarà riguardato come fra i più grandi del suo secolo: ma da quelli, che reputano la virtù dovere andare innanzi a tutto, non potra esecrarsi abbastanza la sua memoria. Esso fu il più crudele fra i cittadini a perseguitare, uccidere e confinare etc.* (àqueles que colocam o engenho e o saber acima de todas as qualidades humanas, esse homem será lembrado como um dos maiores de seu século; mas, da parte daqueles que consideram que a virtude deve vir antes de tudo, não se poderá execrar suficientemente sua memória. Ele foi o mais cruel dos cidadãos a perseguir, matar, aprisionar, etc.).

Quando, então, é dito de um homem "ele tem um bom coração, apesar de uma cabeça ruim", e de um outro "ele tem uma ótima cabeça, apesar de ter um coração ruim", todos sentem que, no primeiro caso, o elogio supera, em muito, a repreensão, e, no segundo, se dá o contrário. De modo correspondente a isso, vemos que, quando alguém pratica uma ação ruim, ele próprio e seus amigos se esforçam por transferir a culpa da *vontade* para o *intelecto* e por transformar o erro do coração em um erro da cabeça. Atitudes repugnantes eles chamarão de *bizarrices*, e dirão que foi apenas falta de entendimento, irreflexão, descuido, tolice, e, se necessário, inclusive podem tomá-las por paroxismos ou distúrbios psíquicos episódicos. Ou, quando se trata de um crime gravíssimo, hão de atribuí-lo a uma loucura, apenas para livrar de culpa a *vontade*. Até nós mesmos, ao provocarmos um acidente ou um sofrimento, acusamos, de bom grado, a todos e a nós, nossa *stultitia*,[80] e apenas para que sejamos livrados da censura da *malitia*.[81] De mesma sorte que, em um julgamento injusto de um juiz, a diferença é enorme se ele simplesmente errou ou foi subornado. Tudo isso demonstra à suficiência que apenas a *vontade* é o real e o essencial, é o cerne do homem, e que o intelecto é a sua ferramenta, que sempre poderá ser defeituosa, sem que aquela tenha, com isso, uma grande preocupação. A acusação da falta de entendimento diante de um tribunal moral é completamente insuficiente, mas concede privilégios. Desse modo, para que o tribunal do mundo absolva um criminoso de toda culpa, é o bastante, antes de mais nada, que sua culpa seja transferida da vontade ao *intelecto*, como quando ela provém de um erro inevitável ou de uma perturbação psíquica, pois, nesse caso, ela não emana de si; por exemplo, quando a culpa se deve a um escorregão da mão ou do pé, ocorrido contra nossa vontade. Discuti isso detalhadamente no apêndice "Sobre a liberdade intelectual", agregado a meu escrito concursal[82] *Sobre a liberdade da vontade*, ao qual remeto o leitor, para não me repetir.

Quem realiza uma tarefa, no caso de esta sair insatisfatória, se refere, antes de tudo, à própria boa vontade, pela qual não era para haver nada de errado na tarefa. Por meio disso, a pessoa acredita salvar o essencial, aquilo pelo que é propriamente responsável, e o seu próprio ser confiável. A insuficiência nas habilidades, pelo contrário, é vista como uma falha em seu instrumento utilitário.

Se alguém é *tolo*, tão logo o perdoam por isso. Afinal, ele não tem culpa em sê-lo. Porém, caso se queira perdoar aquele que é *ruim*, isso se tornará objeto de riso; e, é verdade, tanto um como o outro são inatos. O que demonstra que a vontade é o homem próprio, e o intelecto, mera ferramenta dela.

---

80. Estultícia, estupidez. (N.T.)
81. Malícia, maldade. (N.T.)
82. "*Preisschrift*". Barboza não traduz essa palavra. Ver nota de rodapé 63. (N.T.)

Assim, é sempre e somente o nosso *querer* o que é considerado como aquilo que depende de nós, isto é, como a manifestação de nosso próprio ser, e pela qual somos feitos responsáveis. Por essa razão, é absurdo e injusto pedir cobranças por nossas crenças e, portanto, por nossos conhecimentos, pois, embora reinem em nós, somos coagidos a vê-los como algo que está tão pouco em nosso poder como os acontecimentos do mundo externo. Também nisso se torna claro que apenas a *vontade* é o elemento inato e próprio do homem. O *intelecto*, por sua vez, com suas operações tão regulares como o mundo externo que se desenvolve diante de si, apresenta-se perante a vontade como mero instrumento ou algo externo.

Grandes talentos, em todos os tempos, foram vistos como um *presente* da natureza ou dos deuses; justamente por isso, chamaram-nos de *dádivas*, regalos, *ingenii dotes*,[83] *gifts (a man highly gifted)*,[84] sendo considerados como algo de diferente mesmo dos homens, que lhes apareciam como que por uma bonificação. Nunca, porém, se tomaram os méritos morais desse jeito, apesar de também serem inatos; pelo contrário, sempre foram vistos como algo que sai do próprio homem, que lhe é essencialmente pertencente, e, de fato, como sua constituição própria e específica. Daqui se segue, novamente, que a vontade é o ser próprio do homem, e o intelecto, por outro lado, é o secundário, é uma ferramenta, um equipamento.

De modo correspondente, todas as religiões prometem uma recompensa no além da vida, na eternidade, pelos méritos da *vontade* ou do coração. Nenhuma, contudo, o faz pelos méritos da cabeça, do entendimento. A virtude aguarda sua recompensa naquele mundo; a inteligência a espera neste. A genialidade, nem neste nem naquele: ela é a sua própria recompensa. Sendo assim, a vontade é a porção eterna, e o intelecto, a temporal.

União, comunidade, tratos entre os homens se fundam, via de regra, nas relações que dizem respeito à *vontade*, e muito raramente, e enquanto tais, ao *intelecto*. O primeiro tipo de comunidade pode ser chamado de *material*, e o outro, de *formal*. Daquele tipo são os laços da família e de responsabilidade, e, além deles, todos os vínculos que repousam em qualquer fim comunitário ou interesse, como os de trabalho, classe, corporação, partido, facção, etc. Somente com esses vínculos se chega à atitude moral e à intenção, pelas quais as grandes diferenças

---

83. Talentos. (N.T.)
84. Presentes (um homem muito presenteado). (N.T.)

de habilidades intelectuais e de instruções podem coexistir. Sendo assim, todos podem viver com todos, e não apenas em paz e unidade, mas cada um também pode agir junto com o outro, pelo bem comum, e se aliando com ele. O casamento também é uma união do coração, não da cabeça. Distinto, porém, do que se passa com a comunidade meramente *formal*, que, enquanto tal, visa apenas à troca de ideias: esta requer uma certa igualdade de habilidades intelectuais e de formação. Grandes diferenças colocam, aqui, um abismo intransponível entre os homens: ela existe, por exemplo, entre um grande espírito e uma mente tola, entre um erudito e um aldeão, entre um civilizado e um marujo. Por isso, seres heterogêneos como esses têm muita dificuldade de se entender, uma vez que sua relação envolve comunicação de pensamentos, ideias e visões. Apesar disso, pode-se encontrar uma estreita amizade *material* entre eles, pois eles também podem ser aliados leais, reivindicadores ou seres comprometidos. Afinal, em tudo o que toca somente à *vontade* — ao que pertence a amizade, a inimizade, a honestidade, a lealdade, a falsidade e a traição —, as pessoas são completamente homogêneas, formadas a partir da mesma massa, e sequer inteligência ou formação colocam, aqui, alguma diferença. É verdade que o rude envergonha o erudito com frequência, e o marujo, o civilizado. Mas, com os mais distintos graus de formação persistem as mesmas virtudes e os mesmos vícios, os afetos e as paixões, e, quando algo também se modifica em suas manifestações, eles ainda podem se reconhecer a si próprios, e precisamente nos indivíduos mais heterogêneos, entre os quais, os de mesma intenção se unem e os de opostas se inimizam.

Propriedades ilustres do espírito merecem admiração, mas não simpatia: esta permanece reservada às propriedades morais, às do caráter. Para o seu amigo, todos irão preferir escolher as qualidades da honestidade, bondade, amabilidade, transigência e fácil aprovação em vez de mero brilho intelectual. Antes dessa última característica, muitos, inclusive, estarão na frente por causa de propriedades insignificantes, acidentais e externas, que também podem atender à afeição do outro. Somente quem, de fato, possui muito espírito desejará outra pessoa de brilho intelectual em sua proximidade. Sua amizade, porém, ainda assim será dirigida às características morais: pois sobre estas repousa a estima própria de um homem, e pela qual um único bom traço de caráter cobre e oblitera uma grande carência de entendimento. Os bens reconhecidos de um caráter nos tornam flexíveis e pacientes com a fraqueza do entendimento, como também com o embotamento e a natureza infantil dos idosos. Um caráter decisivamente nobre, e com uma completa falta de méritos intelectuais e formação, se coloca como alguém a quem nada falta. Pelo contrário, a mais elevada inteligência, caso se comporte com falhas morais severas, parecerá ainda sempre repreensível. Pois, assim como tochas e fogos de artifício se empalidecem e quase não são vistos sob o sol, a inteligência e, inclusive, a genialidade, assim como a beleza, são eclipsadas e obnubiladas diante dos bens do coração. Onde estes aparecem em alto grau, podem substituir facilmente a carência daquelas propriedades, de modo que ter dado falta delas pode até ser motivo de vergonha. É verdade que o mais limitado entendimento como também a grotesca fealdade, tão logo se apresentem na companhia da bondade incomum de coração, se transfiguram e reluzem com base em uma beleza de um tipo mais elevado, pois, agora, se exprime neles uma sabedoria diante da qual todas as outras se emudecem. Afinal, a bondade de coração é uma propriedade transcendente, pertencente a uma ordem da coisa em si, que se estende sobre essa vida e é incomensurável com qualquer outra perfeição. Onde ela existe em alto grau, ela torna o coração tão grande que ele abraça o mundo, de modo que tudo agora está nele, e nada mais permanece fora; pois essa bondade identifica todos os seres consigo mesmos. Por isso, ela empresta também para o outro aquela tolerância sem limites, que cada um deixa existir somente para si. Um semelhante homem é incapaz de se zangar: mesmo quando qualquer um de seus defeitos intelectuais ou corporais provocou a ironia ou o escárnio maldoso dos outros, ele repreende, em seu coração, somente a si, por ter dado motivo àquelas manifestações, e segue, portanto, tratando os demais do jeito mais amoroso e sem grandes esforços, esperando, confiantemente, que eles retornem de seus erros e também se reconheçam a si próprios nele. O que é, diante disso, a sabedoria e a genialidade? Quem é Bacon de Verulam?

Ao mesmo resultado que chegamos aqui a partir da consideração da avaliação do outro conduz também a da avaliação de nós mesmos. Como não é, de fato, tão fundamentalmente distinta a autossatisfação que aparece em perspectiva moral daquela que o faz em sentido intelectual! A primeira surge quando, em um olhar retrospectivo das nossas ações, vemos que, com difíceis sacrifícios, praticamos a lealdade e a honradez, e ajudamos muitos. A muitos perdoamos, e somos com os outros melhores do que eles são conosco. De modo a podermos dizer, junto ao rei Lear: "eu sou um homem contra quem mais se pecou do que de quem saiu o pecado".[85] E, por fim, essa autossatisfação se conclui quando olhamos para

---

85. *Rei Lear*, 3, 2.

trás e vemos brilhar em nossa memória qualquer um de nossos atos nobres! Uma gravidade profunda acompanha a alegria tranquila que uma tal inspeção nos confere; e quando, por essa via, vemos os outros atrás de nós, isso não nos rejubila, mas lamentamos isso e, sinceramente, desejamos que todos eles fossem como nós. Como não age de modo fundamentalmente distinto o conhecimento de nossa superioridade intelectual! Seu baixo fundamental é completamente expresso na citação acima de Hobbes: *"omnis animi voluptas omnisque alacritas in eo sita est, quod quis habeat, quibuscum conferens se possit magnifice sentire de se ipso"*.[86] Volúpia, vaidade triunfante, olhar escarnecedor e orgulhoso de cima para baixo, cócegas deliciosas da ciência da significativa e resoluta superioridade, análogas ao orgulho dos méritos corporais — eis o resultado disso. Essa oposição entre ambos os tipos de autossatisfação anuncia que uma diz respeito ao nosso ser verdadeiro, inato e eterno, e a outra, a um ser mais externo, meramente temporal, e, de fato, quase que limitada a um benefício corporal. O *intelecto* realmente é uma mera função do cérebro, e a *vontade*, pelo contrário, é aquilo cuja função constitui o todo do homem, e de acordo com o seu ser e sua essência.

Ponderemos, além disso, que, olhando de fora, ὁ βίος βραχύς, ἡ δὲ τέχνη μακρή [*ho bíos brachýs, hē dè téchnē makrḗ*] *(vita brevis, ars longa)*;[87] e consideremos que os maiores e mais belos espíritos, frequentemente, quando mal alcançam o cume de suas habilidades criativas, e, do mesmo modo, os grandes eruditos, quando, por fim, logram chegar a uma visão fundamental de sua ciência, são levados pela morte. Isso também confirma que o sentido e o fim da vida não são intelectuais, mas morais.

A diferença fundamental entre as características mentais e morais ainda deve ser reconhecida pela seguinte razão: o intelecto passa por transformações mais significativas ao longo do tempo, enquanto a vontade e o caráter permanecem intactos nele. O recém-nascido não tem nenhum emprego de seu entendimento, mas consegue tê-lo dentro dos primeiros dois meses, até a intuição e a apreensão das coisas no mundo externo. Esse processo eu demonstrei mais de perto no ensaio *Sobre a visão e as cores*, p. 10 da segunda edição. A esses primeiros e mais importantes passos segue-se, muito mais lentamente, ou seja, na maioria das vezes, só no terceiro ano de vida, a constituição da razão, até o desenvolvimento da linguagem e, portanto, do pensamento. Por

---

86. "Todo prazer da mente e todo entusiasmo dependem de que tenhamos alguém por perto com quem, uma vez comparados, possamos nos sentir magnânimos." (N.T.)
87. A vida é breve, a arte é longa. (N.T.)

isso, a primeira infância permanece marcada de forma irrevogável por tolice e parvoíce: primeiro porque ainda falta ao cérebro a completude física, que é alcançada, tanto em seu tamanho quanto na textura, só aos 17 anos de idade. Ademais, para sua atividade enérgica ainda é exigido o antagonismo do sistema genital, que só começa na puberdade. Por meio dele, porém, o intelecto só alcança a mera *capacidade* à sua preparação psíquica: esta última só pode se dar pela exercitação, a experiência e a instrução. Tão logo a mente se arranca da parvoíce infantil, cai nas armadilhas dos inúmeros erros, prejuízos, quimeras e, às vezes, dos tipos mais absurdos e flagrantes, nas quais insiste até que a experiência a arranque, aos poucos, delas, e as quais muitas vezes se desvanecem sem que se perceba isso: esse processo ocorre somente no curso de muitos anos. Então, a maioridade logo chega ao homem depois dos 20 anos; a completa madureza, porém, só na idade dos 40 anos, quando se apresenta a idade do discernimento. A isso só deve ser acrescentado que, enquanto essa preparação *psíquica*, e que depende da ajuda do meio externo, ainda está em crescimento, começa a baixar, de novo, a energia *física* e interna do cérebro. Propriamente dizendo, essa energia tem seu ponto culminante ao redor dos 30 anos, e é uma decorrência de sua dependência da pressão do sangue e do efeito da pulsação sobre o cérebro e da, com ela relacionada, preponderância do sistema arterial sobre o venoso, da fresca delicadeza dos filamentos cerebrais e, por fim, da energia do sistema genital. Depois dos 35 anos, nota-se uma leve diminuição dela, que, oriunda da gradual preponderância que adquire o sistema venoso sobre o arterial, como também da consistência dos vasos sanguíneos, que se tornam cada vez mais duros e quebradiços, prevalece e salta à vista, cada vez mais, se não é contraposta pelo aperfeiçoamento psíquico resultante dos exercícios, da experiência, do aumento do conhecimento e da prontidão alcançada em seu manejo. Felizmente, esse antagonismo dura até uma idade avançada, de modo que o cérebro pode ser comparado ainda mais a um instrumento tocado até o fim. Mas essa é a exata razão pela qual a diminuição da energia original do intelecto, que depende completamente das condições orgânicas, caminha deveras lentamente, embora de modo irresistível: o poder de concepções originais, a fantasia, a maleabilidade e a memória se tornam nitidamente mais fracos e, assim, vão decrescendo passo a passo, rumo às idades mais tagarelas, de menos pensamento, em parte, menos consciência, e, por fim, cada vez mais infantis.

A *vontade*, pelo contrário, desconhece todas essas transformações, alterações e mutações, mas é, do início ao fim, a mesma, inalterável.

O querer não precisa ser ensinado, como o conhecimento, mas toma posto completa e imediatamente. O recém-nascido se move de forma descontrolada, vocifera e grita: ele quer do jeito mais violento; muito embora não saiba ainda o que quer. Afinal, o meio dos motivos, o intelecto, exibe algo não completamente desenvolvido: a vontade se encontra no escuro em relação ao mundo externo, onde estão seus objetos, e agora brama como um prisioneiro contra as grades e os muros de seu cárcere. Paulatinamente lhe chega a luz, e, logo em seguida, se revelam os traços essenciais do querer humano universal e, ao mesmo tempo, as modificações individuais que também nele existem e se fazem conhecidas. O caráter que já se ressaltou se mostra, primeiro, em coisas fracas e vacilantes, por causa do serviço defeituoso do intelecto que lhe apresentou os motivos. Porém, para um observador atento, ele logo anuncia a sua completa presença, e, cedo, há de tornar-se inconfundível. Os traços do caráter que por toda a vida permanecerão, então, sobressaem: as direções principais da vontade, os afetos facilmente excitáveis, as paixões predominantes se manifestam. E, por isso, os acontecimentos ocorridos na escola estão, para aqueles do curso da vida futura, na maioria das vezes, como o prelúdio silencioso que precede o drama está para o último (em *Hamlet*, esse prelúdio ocorre na corte, e seu conteúdo se promulga na forma da pantomima). De modo algum, porém, se deixa prognosticar todas as habilidades intelectuais e futuras, a partir das que se mostram no menino: pelo contrário, o *"ingenia praecocia"*, isto é, os meninos-prodígios, tornam-se, via de regra, cabeças-ocas; e o gênio, muitas vezes, se move com lentidão com os conceitos na infância, e é de consideração difícil, justamente porque considera tudo de modo profundo. A isso se deve o fato de que muitos gênios contam a parvoíce e a tolice de suas infâncias rindo e sem reservas, como, por exemplo, Goethe: ele conta como lançou para fora da janela todos os utensílios de sua cozinha (*Dichtung und Wahrheit*, Bd. 1, S. 7), etc. Afinal, é bem sabido que tudo isso só diz respeito ao elemento mutável de nosso ser. Por outro lado, as peças ruins, as pegadinhas insidiosas e maldosas de nossa juventude não são concedidas facilmente por nenhum homem astuto: pois ele sente que elas ainda prestam testemunho de seu caráter atual. Contaram-me, por exemplo, que Gall (o pesquisador do homem e criador da cranioscopia), quando tinha de estar em sociedade com outros homens que ainda lhe eram desconhecidos, levava-os a falar de seus anos e peças da juventude, para que, quando possível, derivasse os traços de seus caráteres; afinal, estes também deveriam existir agora. E é justo nisso que se baseia o fato de que, enquanto somos indiferentes em relação à tolice e à falta de entendimento de nossos anos juvenis, e os vemos, retrospectivamente, com uma satisfação risonha, os traços de caráter ruins daquele tempo, por outro lado, e que mostravam injúria e maldade empenhada, também nos tempos posteriores suscitam uma indelével repreensão e assustam nossa consciência. Afinal, como o caráter se faz sentir de pronto nesses relatos, do mesmo modo ele também permanece nas idades posteriores, de maneira imutável. O avanço da idade, que consome gradualmente as forças intelectuais, deixa as propriedades morais intactas. A bondade do coração torna o idoso adorável e amável, quando sua cabeça já mostra as fraquezas que começam a trazê-lo de volta à infância. Mansidão, paciência, honestidade, veracidade, altruísmo, filantropia, etc. se mantêm durante toda a vida e não se perdem com a senilidade: em cada instante lúcido do idoso que se aproxima da morte, se destacam essas qualidades de modo indiminuto. E, por outro lado, a malícia, a perfídia, a ganância, a dureza de coração, a falsidade, o egoísmo e a ruindade de todo tipo também se mantêm indiminutas até a mais elevada idade. Nós não as transformamos: acreditamos que sim, mas, ao mesmo tempo, rimos de quem nos diz: "em minhas idades precoces eu era um patife malicioso, mas, hoje, sou um homem honesto e nobre". Muito belamente mostrou Walter Scott, no velho usurário de *Nigels fortunes,* como a avareza ardente, o egoísmo e a desonestidade permanecem ainda com todo o seu frescor, como uma planta venenosa no outono; e como ainda se manifestam de forma veemente mesmo depois de o intelecto já ter se tornado infantil. As únicas transformações que ocorrem em nossas inclinações são aquelas que resultam da diminuição de nossas forças corporais e, com isso, de nossas capacidades de desfrute: portanto, a luxúria dará lugar à gula; o amor, ao resplendor, à avareza; a vaidade, à ambição; assim como o homem que, antes de ter uma barba, colou uma falsa e, depois que sua barba se tornou cinza, pintou-a de castanho. Portanto, enquanto se desgastam todos os poderes orgânicos, as forças musculares, a mente, a memória, a inteligência, o entendimento e a genialidade, e se embotam na velhice, a vontade apenas permanece intacta e indelével: o impulso e a direção da vontade permanecem os mesmos. É verdade que, em muitos traços, a vontade se mostra na velhice ainda mais decidida: na afeição à vida, que conhecidamente aumenta; na firmeza e persistência com aquilo que ela considerou uma vez, por meio da teimosia, etc. Isso deve ser explicado pelo fato de que a sensibilidade do intelecto a outras impressões e, por meio disso, a mobilidade da vontade pelos motivos afluentes nos foram amputadas: daí serem tão implacáveis a raiva e o ódio das pessoas mais velhas:

The young man's wrath is like light straw on fire;
But like red-hot steel is the old man's ire.
(*Old Ballad*)[88]

Com base em todas essas considerações, torna-se inconfundível ao olhar profundo que, enquanto o *intelecto* tem de percorrer uma longa série de progressivos desenvolvimentos e, assim, como tudo físico, deve ir ao encontro da ruína, a *vontade* não toma nenhuma participação nisso, mas só dá mostras de alteração na medida em que deve batalhar, no início, sem o complemento de sua ferramenta, o intelecto, e, no final, de novo, com o desgaste deste. Porém, ela aparece, propriamente dizendo, como algo pronto e que permanece invariável, não se subordinando às leis do tempo e do devir e jamais definhando; dessa forma, apresenta-se como aquilo que pode ser reconhecido como o elemento metafísico, e não como o pertencente ao mundo do fenômeno.

9) As expressões muito compreensíveis, recorrentes e universalmente empregadas "cabeça" e "coração" se originaram de um sentimento correto da diferença fundamental que está aqui em discussão. E esse é o motivo de serem encontradas, de modo oportuno e significativo, em todas as línguas. "*Nec cor nec caput habet*",[89] disse Sêneca sobre o César Claudius (*Ludus de morte Claudii Caesaris*, cap. 8). Com toda a justiça, o *coração*, esse *primum mobile* da vida animal, foi escolhido para ser o símbolo da vontade, ou mesmo seu sinônimo, como cerne originário de nosso fenômeno; e oposto ao intelecto, que é diretamente idêntico à *cabeça*. Tudo o que, no sentido mais amplo da palavra, é coisa da *vontade*, como o desejo, a paixão, a alegria, a dor, a bondade, a maldade, ou também o que costuma ser entendido sob o termo "ânimo", ou, por fim, o que Homero expressou com o *philon êtor*,[90] é atribuído ao *coração*. Por isso se diz: ele tem um *coração* ruim. Ele pôs seu coração nisso. Isso lhe vem do coração. Isso lhe foi uma pontada no coração. Isso lhe rompe o coração. Seu coração sangra. Seu coração palpita de alegria. Quem pode ver o homem no coração? Isto rasga, tritura, quebra, eleva, acalma o coração. Ele é bom ou duro de coração, sem coração, de coração valente, tem coração de pedra e muitas outras expressões. De modo especial, porém, os trâmites amorosos são chamados de assuntos do coração, *affaires de*

---

88. "A cólera do jovem é como palha iluminada no fogo / Mas como aço-rubro-ardente é a ira do idoso." (Canção antiga) (N.T.)
89. "Não tem cabeça nem coração." (N.T.)
90. O amado coração. (N.T.)

coeur; porque o amor sexual é o foco da vontade, e as escolhas que se relacionam com ele compõem os acontecimentos principais do querer natural e humano, cujos fundamentos eu apresentei em um capítulo acrescido ao quarto livro.[91] Byron, em *Don Juan*, cap. II, vol. 34, satiriza o fato de que para as mulheres o amor é coisa da cabeça, em vez de ser coisa do coração. Pelo contrário, a *cabeça* designa tudo o que é coisa do *conhecimento*. Daí: um homem de cabeça, uma cabeça sagaz, fina, ruim, perdida, mantenha a cabeça erguida, etc. Coração e cabeça designam todo o homem; todavia, a cabeça é sempre a secundária, a derivada, pois ela não é o centro, mas, sim, a mais alta florescência do corpo. Quando um herói morre, seu coração é embalsamado, não o seu cérebro; porém, preserva-se, de preferência, o crânio de um poeta, artista ou filósofo. Por isso, na Academia di S. Luca, em Roma, conservou-se o crânio de Rafael, que, no entanto, recentemente se

---

91. Schopenhauer se refere aqui ao capítulo 44, "Metafísica do amor sexual", de *O mundo como Vontade e representação* (1844), que Freud provavelmente tinha em mente quando escreveu que: "Schopenhauer (...) em palavras de uma energia inolvidável, admoestou os homens quanto ao significado ainda muito subestimado de seus instintos sexuais" (FREUD, 1946, p. 12). Tendo em vista sua enorme originalidade psicológica e poética, portanto, alguns dos momentos-chave dessa sua metafísica do amor serão traduzidos na sequência: "Após o amor à vida, o amor sexual é o mais forte e ativo dos motivos humanos. Ele coloca incessantes exigências à metade dos poderes e pensamentos da parcela mais jovem da humanidade, é o objetivo final de quase todos os esforços humanos, exerce uma influência desfavorável sobre quase todos os assuntos, interrompe, a todo momento, as mais sérias ocupações. Não hesita em se intrometer com suas escórias e em interferir nas negociações dos estadistas e investigações dos eruditos. Sabe como deslizar seus caracóis e notas de amor até mesmo em portfólios ministeriais e manuscritos filosóficos. Engendra, todos os dias, as piores cizânias, corrompe as relações mais valiosas e destrói os vínculos mais prementes e antigos. Às vezes, demanda o sacrifício da própria vida ou da saúde, às vezes, de riqueza, reputação e felicidade. Despoja de toda a consciência pessoas que até então sempre foram retas e honradas, torna traidores os indivíduos mais leais e confiáveis (...) E por que todas essas suas aparentes besteiras desempenham um papel tão capital e introduzem distúrbios e confusões tão constantes na vida das pessoas? (...) Porque, ao fim e ao cabo, não se trata de nenhuma besteira o que está em jogo. O objetivo final dos flertes amorosos (...) é mais importante do que todos os outros fins da vida humana, e é digno da profunda seriedade com a qual todo indivíduo o encara. O que é decidido pelas sutilezas amorosas não é nada menos do que a *composição da próxima geração*. As *dramatis personae* [caracteres pessoais] que surgirão quando nós finalizarmos nossas questões têm aqui sua existência e natureza determinadas por essas frívolas querelas amorosas (...) Assim, o coito está para o mundo como a solução está para o enigma (...) Em outras palavras, a concentração, o foco da Vontade de viver é o ato de geração. Nele, a natureza íntima do mundo se manifesta da maneira mais evidente (...) A sexualidade é, enquanto a expressão mais clara da Vontade, o cerne, o compêndio, a quintessência do mundo" (SCHOPENHAUER, 1986a, p. 682, 730). (N.T.)

comprovou não ser dele; em Estocolmo, o crânio de Descartes foi vendido em um leilão.[92]

Um certo sentimento de verdadeira proporção entre a vontade, o intelecto e a vida também foi expressado na língua latina. O intelecto é *mens*, νοῦς [*noûs*]; a vontade, pelo contrário, é *animus*, que vem de *anima*, e esta de ἄνεμος [*ánemos*]. *Anima* é a vida mesma, o Athem, ψυχή [*psyché*]; *animus*, porém, é o princípio vivificador e igualmente a vontade, o sujeito das inclinações, intenções, paixões e afetos e, por isso, também o *est mihi animus — fert animus*[93] para o "eu tenho desejo", e ainda o *animi causa*[94] e muitos outros, e o que é o grego θυμός [*thymós*], e, portanto, ânimo, coração. Não, porém, cabeça. *Animi perturbatio*[95] é o afeto; *mentis perturbatio*[96] significa loucura. O predicado *immortalis* é atribuído ao *animus*, não ao *mens*. Tudo isso é a regra que se extrai da maioria dos lugares. E, com conceitos usados de modo assim tão próximo, muitas vezes ocorre de essas palavras serem intercambiadas sem nenhuma falha. Sob ψυχή [*psyché*], os gregos parecem ter entendido, de modo originário e em última instância, a força vital, o princípio vivificador, e esse conhecimento eleva à noção de que essa força deve ser metafísica e, consequentemente, que não encontra a morte. Isso o demonstram, entre outras fontes, as pesquisas reunidas por Stobäos sobre as relações entre νοῦς [*noûs*] e ψυχή [*psyché*] (*Eclogae physicae et ethicae*, livro I, cap. 51, § 7 e 8).

10) Onde repousa a *identidade das pessoas*? Não é na matéria do corpo; esta, depois de poucos anos, é outra. Tampouco é na forma do corpo: este se transforma, seja no todo ou em cada uma de suas partes, exceto pela expressão do olhar, na qual, mesmo depois de muitos anos, podemos reconhecer uma pessoa. Esse último fato demonstra que, apesar de todas as transformações que o tempo provoca em uma pessoa, algo permanece nela intacto, e esse algo é aquilo pelo que, justamente, e também depois do mais longo intervalo, reconhecemos certa pessoa, e reencontramos o já conhecido, de modo incólume. O mesmo também se passa conosco, pois, por mais que nos tornemos idosos, sentimos, de fato, em nós mesmos, no todo e completamente, o mesmo ser que já fomos um dia, quando jovens; sim, até quando criança. Isso que permanece

---

92. *Times*, de 18 de outubro de 1845; segundo o *Athenaeum*.
93. Isso é minha alma, carrega minha alma. Barboza não traduz essas expressões. (N.T.)
94. Pelo prazer da alma. Essa expressão tampouco foi esclarecida por Barboza. (N.T.)
95. Ânimo perturbado. (N.T.)
96. Mente perturbada. (N.T.)

inalterável, e que é sempre e completamente o mesmo, jamais se envelhecendo, é o cerne de nossa essência, que não se situa no tempo. Mas suponhamos que a identidade da pessoa repouse na da consciência. E entenda-se por isso meramente as lembranças contínuas do decurso de vida: então, elas não serão suficientes. Pois talvez nós saibamos de nosso decurso de vida algo a mais do que um romance lido antes; porém, somente um mínimo a mais. Os acontecimentos principais, as cenas interessantes, de fato, se fixaram; de resto, mil acontecimentos foram esquecidos contra cada um que se manteve. Quanto mais velhos nos tornamos, mais sem deixar vestígios tudo passa por nós. Uma idade elevada, uma doença, uma lesão cerebral, uma loucura podem nos raptar a memória completamente; porém, a identidade da pessoa nunca é perdida com isso. Ela repousa na idêntica *vontade* e no caráter imutável desta. Ela é, mesmo, também aquilo que torna a expressão do olhar imutável. No *coração* está metido o homem, não na cabeça. Além disso, de fato, e em consequência de nossa relação com o mundo externo, estamos acostumados a considerar como o nosso próprio ser o sujeito do conhecimento, o eu conhecedor, que de noite se cansa, no sono desaparece e de manhã, e com forças renovadas, brilha mais forte. Isso, porém, é mera função do cérebro, e não o nosso ser próprio. Nosso ser verdadeiro, o cerne de nossa essência, é aquilo que se encontra atrás daquele sujeito do conhecimento, e que, propriamente dizendo, não conhece nada além de querer e não querer, ter prazer ou desprazer, sob todas as modificações das questões nomeadas de sentimentos, afetos e paixões. Isso é o que constitui o outro lado; que não cochila junto quando aquele outro adormece, e que, justamente então, quando aquele sucumbe à morte, permanece intacto. Tudo, pelo contrário, que pertence ao *conhecimento* está exposto ao esquecimento: propriamente dizendo, as ações de significado moral nos são, às vezes, depois de anos, não de todo recordáveis, e não sabemos mais exatamente e nos pormenores como lidamos em uma situação crítica. Mas o *caráter mesmo*, do qual as ações dão testemunho, pode não ter sido esquecido por nós: ele é ainda agora completamente o mesmo como naquele tempo. A Vontade mesma, sozinha e para si, persevera, pois somente ela é imutável, indestrutível, livre de envelhecimento; não é física, mas metafísica; não pertencente ao fenômeno, mas ao que aparece mesmo. Como que nela também descansa a identidade da consciência, por mais ampla que seja, eu expliquei anteriormente, de modo que não preciso me estender nisso de novo aqui.

11) Aristóteles escreveu, de modo acessório, no livro sobre a comparação das coisas desejáveis, o seguinte: "Viver bem é melhor do que

viver" (βέλτιον γὰρ τοῦ ζῆν τὸ εὖ ζῆν [*béltion gàr toû zên tò eû zên*], *Topica* 3, 2). Disso se deriva, por meio da dupla oposição, que não viver é melhor do que viver mal. O que, além do mais, parece óbvio ao intelecto. Contudo, a grande maioria vive muito mal, e prefere isso a não viver. Essa dependência da vida não pode, portanto, ter seu fundamento no *objeto* desta, dado que a vida é propriamente um sofrimento contínuo ou, ao menos, é um produto que não cobre seu custo: portanto, aquela dependência só pode se fundar no *sujeito* dela mesma. Ela, porém, não se funda no *intelecto*, não é nenhuma consequência da reflexão e, principalmente, nenhum resultado da escolha. Pelo contrário, esse querer viver é algo que se compreende desde si: ele é um *prius*[97] do *intelecto* mesmo. Nós próprios somos a vontade de viver, por isso devemos viver, bem ou mal. Apenas pelo fato de essa dependência da vida, cujo valor à maioria das pessoas é tão pequeno, ser completamente *a priori* e não *a posteriori*, se explica o efusivo medo da morte que habita todos os seres vivos, e que La Rochefoucauld descreveu em suas últimas reflexões com singular ingenuidade e franqueza. E aí está, em última instância, o efeito de toda tragédia e conduta heroica, que, como tais, não se produziria se avaliássemos a vida apenas de acordo com seu valor objetivo. Nesse inexprimível *horror mortis* se funda ainda o princípio favorito de todas as mentes comuns, de que quem tira a própria vida deve estar enlouquecido; e não menos, porém, o assombro, ligado a uma certa admiração que esse mesmo ato sempre produziu em cabeças pensantes, pois contradiz tanto a natureza de todo ser vivo que deveríamos, inclusive, admirar, em certo sentido, quem consegue executá-lo e, até, encontrar uma certa tranquilidade no fato de que, no pior dos casos, essa saída sempre se encontra aberta para nós (embora pudéssemos vir a duvidar de sua existência se a experiência não a confirmasse). Afinal, o suicídio provém de uma decisão do intelecto: nosso querer-viver, porém, é o *prius* do intelecto. Também essa consideração, portanto, que o capítulo 28 discute em seus pormenores, confirma o primado da *Vontade* na autoconsciência.

12) Mas nada demonstra com mais clareza a natureza secundária, dependente e condicionada do *intelecto* do que a sua periódica intermitência. No sono profundo, todo conhecimento e toda representação são completamente suprimidos. Somente o cerne de nosso ser, o metafísico dele, que nossas funções orgânicas pressupõem necessariamente como

---

97. Algo anterior. Barboza também não traduz essa palavra. (N.T.)

seu *primum mobile*, nunca deve parar, caso a vida não deva ser suprimida. E também somente ele não é dependente de nenhum descanso, na medida em que é algo metafísico e, portanto, não corporal. Por isso, os filósofos que identificaram esse cerne metafísico como uma *alma*, isto é, como um ser originário e essencialmente *conhecedor*, se viram obrigados a afirmar que essa alma é completamente incansável em seu representar e conhecer, e que, por consequência, também no mais profundo sono ela persiste, apesar de, depois de despertarmos, não nos restar nenhuma lembrança disso. A falsidade dessa afirmação, contudo, se faz visível facilmente, tão logo, em consequência da doutrina de Kant, aquela *alma* seja posta de lado.[98] Afinal, dormir e acordar mostram à mente imparcial, e da maneira mais clara, que o conhecimento é uma função secundária e condicionada pelo organismo tanto quanto qualquer outra. Incansável é apenas o *coração*, cujo pulsar, assim como a circulação sanguínea, não é condicionado imediatamente pelos nervos, mas são justamente a manifestação original da vontade. Igualmente, todas as outras funções fisiológicas conduzidas meramente por nervos ganglionares, e que possuem somente uma ligação muito mediata e distante com o cérebro, continuam no sono, embora a secreção ocorra mais lentamente: mesmo a batida do coração, por causa de sua dependência da respiração, que, enquanto tal, é condicionada pelo sistema cerebral (*medulla oblongata*), se torna um pouco mais lenta. O estômago talvez funcione em seu modo mais ativo no sono, o que deve ser atribuído ao consenso especial e provocador de perturbações recíprocas com o cérebro, agora em repouso. Somente o *cérebro*, e com ele o conhecimento, se interrompe completamente no sono profundo. Afinal, ele é apenas o ministério do exterior, assim como o sistema de gânglios é o ministério

---

98. Grosso modo, Kant defende que as três ideias clássicas da metafísica, a saber, alma, mundo e Deus (que consistem, respectivamente, nas unidades absolutas do sujeito pensante, da "série das condições do fenômeno" e da "unidade absoluta da condição de todos os objetos do pensamento em geral" [PASCAL, 2005, p. 94]), não podem ser conhecidas, pois não possuem um "objetivo congruente nos sentidos" (idem). Em outros termos, Kant defende que todo conhecimento deve se referir à experiência, e, como essas três ideias estão além da experiência possível, sempre serão desconhecidas. Schopenhauer corporaliza ainda mais essa crítica à metafísica clássica: "O conhecimento sem a intuição, a qual é intermediada pelo corpo, não possui estofo algum, de modo que o conhecedor, enquanto tal e sem o pressuposto de um corpo, não é nada senão uma forma vazia" (SCHOPENHAUER, 1986d, p. 52). Para o filósofo, uma vez que a suposta alma racional e metafísica que aqui está em tela é pensada como completamente desvencilhada do corpo, e uma vez que todo conhecimento deve partir da experiência intuitiva iniciada na sensibilidade corporal, a ideia dessa alma racional e transcendente é uma miragem. (N.T.)

do interior. O cérebro, com sua função de conhecer, não é nada além de uma *sentinela* posta pela vontade visando seus fins, que se encontram no mundo externo. Do alto no posto de observação, essa *sentinela* olha ao redor pela janela dos sentidos e presta atenção em de onde a desgraça a ameaça e onde as coisas úteis podem ser encontradas. E, de acordo com seu boletim, a vontade se decide. Essa *sentinela*, portanto, como tudo o que pode ser pensado em serviço ativo, se encontra em pleno estado de tensão e cansaço, e, por isso, vê com bom grado quando, depois de ocupar-se com a vigia, é de novo retirada. Do mesmo modo como todo vigia se alegra ao ser subtraído do posto. Essa remoção é o sono, que, portanto, é tão doce e prazeroso, e com o qual somos tão complacentes; pelo contrário, acordar não é algo bem-vindo, pois chama de novo, e de forma repentina, a *sentinela* ao posto: então, se sente, nova e regularmente, a fatigante diástole que entra em ação depois da benéfica sístole, e a dissociação entre intelecto e vontade. Uma assim denominada *alma* que fosse originariamente e desde sua base um ser *conhecedor* se sentiria, pelo contrário, muito bem ao despertar, como um peixe que, de novo, é posto na água. No sono, onde só a vida vegetativa continua, a vontade age apenas de acordo com sua natureza essencial e original, imperturbada desde fora, e sem o desconto de sua força pela atividade do cérebro e pelo esforço do conhecimento (que são a função orgânica mais difícil, embora, para o organismo, seja apenas um meio, e não um fim): por isso, no sono, toda a força da vontade está dirigida à conservação e, onde isso for necessário, à reparação do organismo. Sendo assim, toda cura, toda crise benéfica, acontece durante o sono, na medida em que a *vis naturae medicatrix*[99] somente então encontra o horizonte livre, quando está liberta do peso da função do conhecimento. O embrião, que ainda tem somente um corpo em formação, dorme continuamente, e o recém-nascido, na maior parte do tempo. Nesse sentido, também Burdach (*Physiologie*, Tomo 3, p. 484) qualifica, muito corretamente, o sono de o *estado originário*.

Em relação ao cérebro mesmo, eu interpreto a necessidade do sono, de modo mais detalhado, com a ajuda de uma hipótese que parece ter sido apresentada pela primeira vez no livro de Neumann, *Sobre as doenças dos homens*, 1834, Tomo 4, § 216. Tal hipótese defende que a nutrição do cérebro, e, portanto, a renovação de sua substância a partir do sangue, não pode ocorrer durante a vigília, pois as funções orgânicas do conhecer e do pensar, tão altamente eminentes, seriam suprimidas

---

99. Poder curativo da natureza. (N.T.)

ou perturbadas pela função tão baixa e material da nutrição. Disso se explica também por que o sono não é um estado puramente negativo, uma mera pausa da atividade cerebral, mas também apresenta um caráter positivo. O que já se deixa perceber no fato de que, entre o sono e a vigília, não há uma mera diferença de grau, mas uma firme fronteira, que se anuncia por meio de figuras oníricas tão logo o sono entra em cena, e que são completamente heterogêneas ao nosso denso pensar anterior. Outra comprovação disso ocorre no fato de que, quando temos sonhos de angústia, nos esforçamos inutilmente para gritar, para nos defender, como que de um ataque, ou para nos livrar do sonho. Assim, é como se o elo entre o cérebro e os nervos motores ou entre o cérebro e o cerebelo (como o regulador dos movimentos) fosse removido, pois o cérebro permanece em seu isolamento, e o sono nos prende como que com garras de ferro. Finalmente, o caráter positivo do sono se faz evidente também no fato de que um certo grau de força é necessário para dormir; afinal, o grande cansaço, como também a fraqueza natural, nos impede de atingi-lo, *capere somnum*.[100] Tudo isso é explicável a partir do fato de que o *processo de nutrição* deve ser conduzido quando o sono entra em cena: o cérebro precisa mordiscar, por assim dizer. De forma análoga, a afluência acrescida de sangue no cérebro durante o sono se explica a partir do processo de nutrição, assim como a posição adotada instintivamente, já que a promove, dos braços sobre a cabeça. E não se explica menos a partir dessa premissa o fato de que as crianças, à medida que o cérebro cresce, precisam de muito sono, e o de que, na velhice, pelo contrário, quando aparece uma certa atrofia do cérebro, como de todas as partes, o sono se torna escasso. O sono em excesso, por tais razões, produz uma certa estupidez da consciência, pois decorre de uma hipertrofia provisória do cérebro, que, com o excesso habitual do sono, também pode se tornar duradoura e produzir a idiotice: "*aniê kaì polỳs hýpnos (noxae est etiam multus somnus)*"[101] (Od. 15, 394). A necessidade do sono, assim, se situa em proporção direta à intensidade da vida cerebral, e, portanto, à clareza de consciência. Aqueles animais cuja vida cerebral é fraca e pobre dormem menos e com facilidade (por exemplo, os répteis e os peixes); com isso, eu me recordo de que a hibernação é um sono quase que somente no nome, pois não é uma inação apenas do cérebro, mas do organismo inteiro,

---

100. Cair no sono. (N.T.)
101. "Também o sono excessivo é nocivo." (N.T.)

e, assim, uma espécie de semimorte.[102] Os animais de inteligência mais significativa dormem profunda e longamente. Também os homens precisam de tanto mais sono quanto mais desenvolvidos são, o que deve ser mirado de modo quantitativo e qualitativo, e quanto mais ativos forem seus cérebros. Montaigne conta de si que sempre foi um dorminhoco, que dormiu durante uma grande parte da vida e que, mesmo em idades elevadas, repousava por até nove horas seguidas (Liv. 3, cap. 13). Também de Descartes é informado que dormia muito (Baillet, *Vie de Descartes*, 1693, p. 288). Kant se prometeu sete horas de sono; porém, cumprir isso foi tão difícil que ele ordenava a seus empregados que o forçassem a despertar na hora combinada, contra sua vontade e sem escutar seus protestos (Jachmann, *Immanuel Kant*, p. 162). Afinal, quanto mais perfeitamente desperto alguém está, isto é, quanto mais clara e acesa for sua consciência, maior lhe será a necessidade do sono, e, portanto, mais profunda e longamente dormirá. Muito pensar, ou trabalho mental fatigante, aumenta, destarte, a necessidade do sono. E que o esforço muscular contínuo também nos torne sonolentos faz-se compreensível pelo fato de que, com ele, o cérebro concede continuamente estímulos aos músculos, por meio da *medula oblongata*, da medula espinhal e dos nervos motores, os quais agem sobre sua irritabilidade; de modo que o cérebro esgota, por meio disso, sua força: o cansaço que percebemos nos braços e pernas tem sede, destarte, no cérebro; tanto quanto a dor que essas partes sentem e que, propriamente dizendo, também é sentida no cérebro, pois se relaciona com os nervos motores, assim como com os sensíveis. Os músculos que não agem a partir do cérebro — por exemplo, os do coração — não se cansam. E pelos mesmos motivos se esclarece o fato de que, tanto durante quanto depois de um grande esforço muscular, não se pode pensar com muita intensidade. Que no verão se tenha muito menos energia de espírito do que no inverno pode ser entendido, em parte, pelo fato de que, no verão, se dorme menos, pois, quanto mais profundamente se dormiu, mais perfeitamente se desperta, e mais "acordado" se está depois disso. Esse fato, porém, não pode nos tentar a prolongá-lo acima do preciso, pois ele perde em intensidade,

---

102. Essa consideração de Schopenhauer de que a palavra *Winterschlaf* (hibernação) não é muito apropriada só faz sentido em alemão, pois *Winterschlaf* significa, literalmente, "sono invernal". Como o filósofo entende que a "hibernação" é algo bem mais próximo da morte do que do sono, pois nela todo o organismo amortece e não somente o cérebro (como no sono), ele crê que a palavra *Winterschlaf* ("sono invernal") é enganosa. Em português, "hibernação" não possui essa limitação, pois não faz nenhuma referência ao sono em sua raiz. (N.T.)

isto é, em força e profundidade, o que ganha em extensão, e, com isso, se torna mera perda de tempo. O mesmo também menciona Goethe, quando (na segunda parte do *Fausto*) fala sobre o sono matinal: "O sono é uma concha, deve-se abrir". Antes de tudo, portanto, o fenômeno do sono comprova, e de maneira excelente, que a consciência — o perceber, o reconhecer, o pensar — não é nada original em nós, mas, sim, um estado condicional e secundário. Um luxo da natureza, e, na verdade, o seu mais elevado, que, portanto, quanto mais intensamente é impulsionado pela natureza, menos pode seguir sem interrupções. Ela é o produto, a florescência do sistema nervoso cerebral, o qual, em si, como um parasita, se alimenta do organismo restante. Isso também tem ligação com o que é mostrado no terceiro livro, que o conhecer é tão mais puro e perfeito quanto mais se desprender do querer e colocá-lo de lado, por meio do que entra em cena a consideração estética e puramente objetiva; assim como um extrato é tão mais puro quanto mais se separa do meio de onde foi tirado, mais se purificando de todo sedimento. O oposto revela a vontade, cuja exteriorização imediata é a vida orgânica por inteira, e que, em primeiro lugar, é o coração incansável.

Essa última consideração se dirige ao tema do próximo capítulo,[103] ao qual ela, portanto, faz transição: pertence a ela, ainda, porém, a seguinte anotação. No sonambulismo magnético, a consciência se duplica: surgem duas séries de conhecimentos em si mesmas coerentes, mas completamente divorciadas uma da outra; a consciência desperta não sabe nada da sonâmbula. Porém, a Vontade estampa em ambas o mesmo caráter, e permanece completamente idêntica: ela exprime em ambas as mesmas inclinações e aversões. Pois as funções se deixam duplicar, não, porém, a essência em si.

---

103. Cf. nota de rodapé 59. (N.T.)

SOBRE O SUICÍDIO

§ 157

Até onde eu saiba, apenas nas religiões monoteístas e, portanto, na religião judaica,[104] os adeptos consideram o suicídio um crime. Isso é ainda mais estranho pelo fato de que nem no Antigo Testamento nem no Novo encontramos qualquer proibição, ou sequer uma reprovação explícita dele. Sendo assim, os doutrinadores religiosos têm de apoiar seus tabus sobre o suicídio em suas próprias bases filosóficas, as quais, porém, são tão ruins que o que lhes carece em força de argumentação procuram suprir com a força de expressão de seu horror e, portanto, com vociferação. E então, devemos escutar que o suicídio é a maior das covardias, só é possível na loucura, entre outras sensaborias análogas; ou também aquela frase sem sentido de que ele é "injusto"; ao passo que, evidentemente, todos teriam um *direito* tão incontestável a nada no mundo, como sobre sua própria pessoa e vida (cotejar com o § 121).[105]

---

104. Schopenhauer defende que as três grandes religiões monoteístas, a saber, o cristianismo, o islamismo e o judaísmo, são, do ponto de vista metafísico, muito semelhantes, de modo que podem ser subsumidos ao judaísmo, que é a mais antiga delas. (N.T.)
105. No § 121, Schopenhauer se opõe à ideia de que o direito, assim como a liberdade, sejam positivos. Para ele, ambos consistem em conceitos negativos, no sentido de que não se apresentam por si sós e originariamente, mas se baseiam em negações

Como dito, o suicídio é visto como um crime e, de modo conectado a isso, e especialmente na beata e vulgar Inglaterra, é seguido de um enterro ignominioso e do confisco da herança — motivo pelo qual o júri quase sempre o interpreta, antes, como um ato de loucura.

Mas deixemos o sentimento moral decidir uma vez só sobre isso e comparemos a impressão exercida sobre nós pela notícia de que um conhecido cometeu um crime, por exemplo, um assassinato, uma crueldade, uma trapaça, um roubo, com a notícia de sua morte por livre-arbítrio. Enquanto a primeira delas produz uma indignação vívida, a mais alta repulsa, o protesto por castigo ou vingança, a segunda cativa saudade e compaixão, que são acompanhadas da admiração de sua coragem ou se misturam a essa admiração com muito mais frequência do que com a reprovação moral de que se trata de uma ação má. Quem não tem um conhecido, um amigo, um parente que se isolou voluntariamente do mundo? E devemos pensar nele com desgosto, como se fosse um criminoso? *Nego ac pernego!*[106] Pelo contrário, sou da opinião de que o clero deveria ser exortado a responder com qual argumento que, sem conseguir citar qualquer autoridade bíblica e, inclusive, sem ter nenhum argumento filosófico plausível, carimba, tanto no púlpito quanto nos textos, como um *crime* uma ação que foi executada por diversos homens honrados e amados por nós; e aos quais, tendo saído do mundo voluntariamente, recusam um enterro honrado. Nessa exortação, porém, estabelecemos que são requeridas *razões*, e que não aceitaremos falas de efeito vazias ou palavras de repúdio. Se a justiça criminal considera o suicídio algo indesejado, isso não pode ser nenhuma razão favorável ao clero, e, antes de mais nada, é algo realmente risível: pois que castigo pode intimidar aquele que procura a morte? Caso se castigue a *tentativa* de suicídio, então, apenas a falta de jeito da pessoa que fracassou no intento será punida.

---

de outros dois conceitos pressupostos por eles: o de necessidade, no caso da liberdade, e o de injúria ou lesão, no do direito. Após explanar isso, Schopenhauer afirma que não há sentido em questionar o direito ao suicídio, pois não se trata, nesse caso, de uma lesão a terceiros diretamente. Caso seja redarguido que o suicídio faz mal a outras pessoas, Schopenhauer afirma que isso é uma lesão indireta, e não direta. Afinal: "as reivindicações que os outros possam ter sobre nós dependem da condição de que nós estejamos vivos, e desaparecem com a nossa não existência. E que aquela pessoa que não quer mais viver para si própria deva ainda seguir vivendo para os demais como uma mera máquina é um pressuposto bastante excêntrico". (SCHOPENHAUER, 1986)

106. Nego-o duplamente! (N.T.)

Também os antigos estavam muito longe de considerar as coisas sob aquele prisma. Plínio (*Historia naturalis*, livro 28, cap. I, § 9, vol. 4, p. 351, ed. Bipontini) disse:

Vitam quidem non adeo expetendam censemus, ut quoquo modo trahenda sit. Quisquis es talis, aeque moriere, etiam cum obscenus vixeris aut nefandus. Quapropter hoc primum quisque in remediis animi sui habeat ex omnibus bonis, quae homini tribuit natura, nullum melius esse tempestiva morte: idque in ea optimum, quod illam sibi quisque praestare poterit. (Somos da opinião de que a vida não pode ser tão amável a ponto de que deva ser prolongada de qualquer modo. Quem quer que seja você que deseja isso, morrerá de alguma maneira, independentemente de sua vida ter sido boa, viciosa ou criminosa. Portanto, todos podem ver o suicídio antes de tudo como um meio sagrado de sua alma, de modo que, entre todos os bens que a natureza deu ao homem, nenhum é melhor do que uma morte mais precoce, sendo isso, portanto, o melhor que cada um pode dar-se a si próprio.)

Ele também diz o mesmo nesta outra passagem (Livro 2, cap. 7; vol. I, p. 125): "*ne deum quidem posse omnia; namque nec sibi potest mortem consciscere, si velit, quod homini dedit optimum in tantis vitae poenis etc.*" (Inclusive Deus não pode tudo; pois Ele não pode, mesmo que queira, escolher trazer a morte para si, algo que então deu ao homem como a melhor concessão diante de tantas dores da vida). É verdade que, em Massilia, na ilha de Ceos, a bebida de cicuta era dada pelo magistrado àquele que conseguisse alegar razões importantes para abandonar a vida (Valerius Maximus, *Factorum et dictorum memorabilium*, livro 2, cap. 6, § 7 e 8).[107] E quantos heróis e sábios da Antiguidade não deram um fim voluntariamente à própria vida?! Mesmo Aristóteles diz (*Ethica ad Nicomachum*, 5, 15) que o suicídio é uma injustiça contra o Estado, muito embora não contra a própria pessoa. E, de fato, Estobeu citou, em sua exposição da ética dos peripatéticos (*Eclogae ethicae*, 2, cap. 7, vol. 3, p. 286), a seguinte frase:

φευκτὸν δὲ τὸν βίον γίγνεσθαι τοῖς μὲν ἀγαθοῖς ἐν ταῖς ἄγαν ἀτυχίαις. τοῖς δὲ κακοῖς καὶ ἐν ταῖς ἄγαν εὐτυχίαις. (*Vitam autem relinquendam esse bonis in nimiis quidem miseriis, pravis vero in nimium quoque secundis.* — Os bons devem deixar a vida para trás na infelicidade demasiado grande, — mas também os maus na felicidade demasiado grande).

---

107. Na ilha de Ceos, era costume que os anciões se *dessem voluntariamente a morte* (Cf. Valerius Maximus, lib. 2, cap. 6; Herakleides Ponticos, *Fragmenta de rebus publicis*, 9; Aelianus, *Variae historiae* 3, 37; Strabon, *Geographica*, lib. 10, cap. 5, § 6, ed. Kramer).

E, de um modo semelhante, na página 312:

Διὸ καὶ γαμησέιν, καὶ παιδοποιήσεσθαι, καὶ πολιτεύεσθαι etc. καὶ καθόλου τὴν ἀρετὴν ἀσκοῦντα καὶ μενεῖν ἐν τῷ βίῳ, καὶ πάλιν, εἰ δέοι, ποτὲ δι' ᾽ἀνάγκας ἀπαλλαγήσεσθαι, ταφῆς προνοήσαντα etc. (*Ideoque et uxorem ducturum et liberos procreaturum et ad civitatem accessurum etc. atque omnino virtutem colendo tum vitam servaturum, tum iterum cogente necessitate, relicturum etc.* (Assim, o homem deve se casar, ter filhos, dedicar-se à vida pública (...) e, sobretudo no tratamento das habilidades, conservar a vida, mas, em compensação, sob a violência da necessidade, deixá-la para trás, etc.).

Já nos estoicos, constatamos que o suicídio é elogiado como uma ação nobre e fruto de uma coragem heroica, o que pode ser documentado em centenas de lugares e, com mais força, em Sêneca. No hinduísmo, o suicídio aparece conhecida e frequentemente como uma ação religiosa, nominalmente como "cremação da viúva", e também como o lançar-se de carro sob as rodas do templo, ou *Juggernaut*[108] (*Jagan-natha*), ou como o entregar-se como prêmio aos crocodilos do Ganges ou dos tanques sagrados dos templos e afins. Justamente como, no teatro — esse espelho da vida —, também notamos, por exemplo, na célebre peça chinesa *L'orphelin de la Chine* (traduzida por St. Julien, 1834), quase todos os caracteres nobres morrerem por suicídio sem que seja insinuado de algum modo aos espectadores que isso seja um crime, ou que lhes ocorra de vê-lo assim. E, em nossos próprios teatros, tampouco ocorre algo fundamentalmente distinto; por exemplo, Palmira em *Maomé*, Mortimer em *Maria Stuart, Otelo; Condessa Terzky*.[109] E Sófocles:[110]

(...) λύσει μ' ὁ θεὸς ὅταν αὐτὸς θέλω.
[(...) o Deus me será dado livremente quando eu mesmo o quiser.]
(*Bacchae*, 498)

É por acaso o monólogo de Hamlet [3, I] a meditação sobre um crime? Ele afirma apenas que, se estivéssemos certos de que, por meio da morte, nos aniquilaríamos absolutamente, ele, vendo a condição do mundo, escolheria isso incondicionalmente. *But: there lies the rub* (Mas

---

108. Cf. tomo 1, p. 528.
109. Trata-se de suicídios cometidos por personagens importantes da literatura; respectivamente, de *O fanatismo ou Maomé* (1736), de François-Marie Voltaire; de *Maria Stuart* (1800), de Friedrich Schiller; de *Otelo, o mouro de Veneza* (1603), de William Shakespeare; e de *Wallenstein* (1799), também de Schiller. (N.T.)
110. Trata-se de uma citação de uma tragédia de Eurípides. Schopenhauer provavelmente se equivocou por distração quanto ao nome. (N.T.)

ali mora a dificuldade). As razões, porém, que foram apresentadas contra o suicídio, e que vêm da espiritualidade do monoteísmo, isto é, das religiões judaicas e das filosofias que se acomodam a elas, são fracas, são sofismas fáceis de refutar. A refutação mais fundamental disso foi fornecida por Hume em seu *Essay on Suicide*, publicado somente depois de sua morte e imediatamente reprimido pelo bigotismo vergonhoso e pelo predomínio ignominioso dos padrecos na Inglaterra. Por isso, apenas muito poucos exemplares foram vendidos, de modo secreto e com preços altíssimos, e nós devemos a conservação desse texto e de um outro tratado do grande homem à reimpressão da Basileia: *Essays on Suicide and the Immortality of the Soul, by the Late David Hume* (Basilia, 1799, sold by James Decker, 124 p., 8º). Porém, que um ensaio puramente filosófico, e que com a fria razão refutou os argumentos correntes contra o suicídio, e oriundo de um dos primeiros pensadores e escritores da Inglaterra,[111] precisou andar às furtadelas nela, e permanecer secreto como se fosse uma arte de meninos, até encontrar proteção no estrangeiro, expõe a nação inglesa a uma grande vergonha. Isso mostra imediatamente o que a Igreja tem por boa consciência nesse ponto. As razões morais unicamente concludentes contra o suicídio, expus na minha obra principal, Tomo I, § 69. Elas repousam no fato de que o suicídio se opõe ao alcance do mais elevado objetivo moral, porque substitui a real salvação deste mundo de misérias por uma meramente aparente.[112] Entre esse deslize e a ideia de um crime com a qual a doutrina cristã quer estampá-lo há um abismo.

---

111. "England". A rigor, porém, Hume nasceu e faleceu em Edimburgo, na Escócia. (N.T.)

112. O que Schopenhauer denomina, aqui, como o mais elevado objetivo moral" (*höchsten moralischen Zieles*), tema esse que ele desenvolve em sua metafísica dos costumes, consiste na autonegação da Vontade, levada a cabo não exatamente no suicídio, mas na santidade ou no ascetismo. O mundo, para ele, é a manifestação da Vontade de viver, e consiste em um fenômeno muito problemático por inúmeras razões: a natureza da Vontade é, basicamente, a de um ser carente que oscila entre o tédio e a insatisfação. O homem é o mais necessitado de todos os seres da natureza, portanto, o que mais facilmente sofre de insatisfação ou tédio. A cada dez carências suas, em média, apenas uma é satisfeita, e, quando a rara satisfação de fato ocorre, não entra em cena um estado positivo e pleno de felicidade, mas um breve estado passageiro de prazer que logo dá lugar a outra insatisfação ou tédio. A Vontade una e fundamental, ademais, ao ingressar no mundo, condicionado pelo tempo e espaço, se torna algo múltiplo e morredouro. Da primeira característica surge a guerra de todos contra todos pela posse das fontes da satisfação e prazer, que não são abundantes. E da segunda característica surge o fato de que tudo é passageiro, efêmero e fugaz. "A morte ceifa infatigavelmente" (SCHOPENHAUER, 1986a, p. 611), a ela estamos destinados e "ela apenas brinca alguns instantes com a sua presa antes de devorá-la"

O cristianismo porta em seu mais profundo interior a verdade de que o sofrimento (a cruz) é o objetivo próprio da vida: por isso se rejeita, na medida em que se opõe a isso, o suicídio, que a Antiguidade, pelo contrário, aprovou — de um ponto de vista inferior, sim, prestou-lhe honras inclusive. Aquela razão contra o suicídio, porém, é uma ascética, válida somente desde um ponto de vista ético muito mais elevado do que o que a filosofia moral europeia jamais alcançou. Quando descemos, porém, daquele ponto de vista bastante elevado, não sobra mais nenhum fundamento moral sólido para condenar o suicídio. O fervor extraordinariamente intenso da mentalidade das religiões monoteístas contra ele,[113] e que, de fato, não é auxiliado nem pela *Bíblia* nem por razões convincentes, parece dever ser remetido a razões ocultas: não seria, talvez, que a desistência voluntária da vida deveria ser um péssimo cumprimento àquele que disse "πάντα καλὰ λίαν"?[114] Portanto, novamente,

---

(SCHOPENHAUER, 2015, p. 401). Não é, portanto, o suicídio que corta os laços com esse mundo de dor, miséria e contradição, mas a santidade e o ascetismo. Afinal, o suicídio provém da Vontade, pois consiste em um dos seus mais veementes atos de insatisfação ou tédio. E tudo o que provém da Vontade também retorna a ela, já que ela é imorredoura, posto que anterior ao tempo, e apenas os indivíduos sucumbem diante do tempo. A roda da Vontade só para de girar não quando o suicida, mas quando o santo ou o asceta negam a Vontade pela raiz: esse ser, extremamente misterioso metafisicamente, pratica a castidade e o jejum, e todas as formas de amortecimento do querer. Além disso, ele: "conhece o todo, apreende o seu ser e encontra o mundo entregue a um perecer constante, em esforço vão, em conflito íntimo e sofrimento contínuo (...) Como poderia, mediante um tal conhecimento do mundo, afirmar precisamente esta vida por constantes atos da Vontade, e exatamente dessa forma atar-se cada vez mais fixamente a ela e abraçá-la cada vez mais vigorosamente? (...) Ao contrário, aquele conhecimento do todo e da essência das coisas torna-se quietivo (*Quietiv*) de toda e qualquer volição. Doravante, a Vontade efetua uma viragem diante da vida: fica terrificada diante dos prazeres nos quais reconhece a afirmação desta. O ser humano, então, atinge o estado de voluntária renúncia, resignação, verdadeira serenidade e completa destituição de Vontade" (SCHOPENHAUER, 2005, p. 481). Em raros momentos, Schopenhauer fala de um suicídio ascético, que é um lento e progressivo apagar-se, e que está nas antípodas do suicídio tradicional, que concentra a autoextinção em um único ato, como expressão máxima do ímpeto, contradição e insatisfação da Vontade. (N.T.)

113. Sobre isso estão todos de acordo. Segundo Rousseau (*Oeuvres*, vol. 4, p. 275), Agostinho e Lactâncio primeiro designaram o suicídio como um pecado; porém, seu argumento foi tomado de *Phaedo*, de Platão (p. 139, *Phaedonis*), e é um argumento tão banal como que completamente tomado do ar: nos encontramos em dívida ou somos escravos dos deuses.

114. "(E Deus falou) tudo (que ele fez e contempla) é maravilhoso" (*Gênesis*, 1:31). Schopenhauer entende que a diferença fundamental entre as religiões não repousa no fato de serem monoteístas, politeístas ou ateias, mas no de serem otimistas ou pessimistas. Nas primeiras delas se incluem o judaísmo, o islamismo e o politeísmo

essas razões seriam o otimismo obrigatório dessas religiões, que acusam o suicídio para não serem acusadas por ele.

§ 158

Em geral, constatamos que, tão logo o amedrontador da vida supera o amedrontador da morte, o homem dá um fim à sua vida. A resistência ao segundo temor, porém, é significativa: ela fica, de certo modo, como um vigia na frente da porta de saída. Talvez não haja ninguém que já não teria dado um fim à própria vida se esse fim fosse algo puramente negativo, uma repentina supressão da existência. Porém, há algo de positivo incluído nisso: a destruição do corpo. Isso afugenta, e justamente porque o corpo é o fenômeno da Vontade de viver.

Entretanto, a luta contra aquele vigia, via de regra, não é tão difícil de perto como nos quer parecer de longe; sobretudo em consequência do antagonismo entre o sofrimento corporal e o psíquico. Ou seja, quando sofremos no âmbito corporal e de modo árduo ou prolongado, nos tornamos indiferentes contra todas as outras penas. Justamente então, nesse momento, fortes sofrimentos psíquicos nos tornam insensíveis contra os físicos: nós passamos a desprezá-los. Sim, se os primeiros, de algum modo, passarem a predominar, então os segundos se tornarão uma reconfortante distração, uma pausa no sofrimento psíquico. E é isso, justamente, o que o suicídio alivia, em razão de a dor corporal que se conecta com ele, aos olhos das torturas de um sofrimento muito maior, perder toda a importância. Isso é especialmente visível naquelas pessoas que, após um profundo mau humor puramente doentio, foram impelidas ao suicídio. A elas, não custou nenhuma autodominação: não precisaram tomar de assalto uma decisão, mas, tão logo a vigia que lhes acompanhava lhes deixou sozinhas por dois minutos, elas deram um fim rapidamente à vida.

---

da natureza; e, nas segundas, o bramanismo, o budismo e o cristianismo. As religiões otimistas veem o mundo como uma espécie de presente ou obra-prima divina, ou como algo sumamente legítimo ou justificável. Já as religiões pessimistas o veem como um erro que deve ser expiado ou extirpado pela raiz. A constatação de que o mundo, como fenômeno da Vontade, é essencialmente carência, combate, fugacidade e contradição, segundo o autor, dá mais razão metafísica às segundas religiões do que às primeiras. E é por esta razão que o suicídio é demonizado pelas religiões otimistas: pois evidencia as principais refutações de sua crença, o predomínio da dor sobre o prazer, a contradição do mundo, etc. (N.T.)

§ 159

Quando, nos sonhos difíceis e pavorosos, a inquietação alcança os graus mais elevados, então eles próprios nos fazem despertar, com o que toda aquela monstruosidade da noite desaparece. O mesmo ocorre no sonho da vida, quando o mais elevado grau de inquietação nos obriga a interrompê-la.

§ 160

O suicídio também pode ser visto como um experimento, uma pergunta, que colocamos à natureza, e cuja resposta queremos forçar: ou seja, qual mudança experimentam a existência e o conhecimento do homem através da morte? Porém, ele tem algo de desajeitado: pois também se abole a identidade da consciência, que seria quem ouviria a resposta.

OBSERVAÇÕES PSICOLÓGICAS

§ 304

Todo animal, e especialmente o homem, precisa, para poder existir e seguir em frente, de uma certa adequação e proporção entre sua vontade e seu intelecto. Quanto mais a natureza dimensionou ambos de modo exato e correto, mais fácil, segura e agradavelmente cada animal passará pelo mundo. Assim, mesmo se uma mera aproximação do ponto propriamente correto for alcançada, isso já será suficiente para protegê-lo da ruína. Existe, portanto, uma certa margem nos limites do ponto apropriado e exato da proporção mencionada.

A norma que vale relativamente é: dado que a determinação do intelecto é ser a lanterna e o guia dos passos da vontade, então, quanto mais violento, audacioso e passional for o ímpeto interior de uma vontade, mais perfeito e claro deve ser o intelecto que se associa a ela. Somente assim a violência do querer e do esforço, o ardor das paixões, a impetuosidade dos afetos não extraviarão o homem nem o arrastarão ao imprudente, ao falso e ao pernicioso; possibilidades estas que devem ser o destino inevitável de quando se tem uma vontade violenta e um intelecto muito fraco. Por outro lado, um caráter mais fleumático, e, portanto, mais fraco, e uma vontade mais débil podem existir em um intelecto menor ou virem associados com ele: e uma vontade moderada precisa de um intelecto intermediário. Acima de tudo, toda desproporção entre uma vontade e seu intelecto, isto é, todo desvio da proporção que se segue da norma acima tende a tornar o homem infeliz: consequentemente, é o caso quando a desproporção for, antes, uma oposição. Portanto, também um desenvolvimento anormalmente forte e excessivo do intelecto e o predomínio completamente desproporcional do intelecto sobre a vontade, resultante desse desenvolvimento — e que é aquilo em que consiste o essencial do gênio — são, para as necessidades e fins da vida, não somente supérfluos, mas, francamente dizendo, algo desvantajoso em vista deles. Por isso, o excesso de energia, na juventude, quanto à consideração objetiva do mundo, acompanhado de fantasia vívida e carência de toda experiência, torna a mente receptível a conceitos exaltados. E, de fato, também a quimeras, que, assim, facilmente preencherão o espírito; do que se segue um caráter excêntrico e fantasiante. Quando, porém, a instrução da experiência chega depois, e o caráter anterior é perdido ou concedido, o gênio, ainda assim, jamais se sentirá muito em casa no mundo externo e comum, bem como na vida burguesa, em que se deve considerar as coisas de modo tão correto e se movimentar de forma tão cômoda como fazem as cabeças normais. Pelo contrário, o gênio cometerá, com grande frequência, estranhos equívocos; pois, por um lado, a cabeça cotidiana se sente tão perfeitamente em casa no estreito círculo de seus conceitos e opiniões que ninguém poderá lhe subtrair algo desse círculo,[115] e seu conhecimento se mantém sempre fiel a seu objetivo original, que é cultivar sua servidão à vontade, de modo a cumprir permanentemente com isso sem jamais se exceder.[116] Por outro lado, o gênio, como eu também expressei em sua discussão propriamente dita,[117] é, de modo fundamental, um *monstrum per excessum;* assim como, pelo contrário, o homem passional, impetuoso e sem entendimento, o bárbaro desmiolado, é um *monstrum per defectum.*[118]

---

115. Payne traduz essa frase (*"Keiner ihm darin etwas anhaben kann"*) para o inglês de modo problemático: "*No one can get the better of it*" (Ninguém pode vencê-lo, isto é, predominar sobre ele em seu campo). Porém, o homem ordinário não se incomoda, exatamente, por ser superado ou vencido em seu mundo de trivialidades ante o gênio, nem o gênio pode fazê-lo se incomodar; mas ele é incomodado por ter seu mundo *subtraído* diante da indicação do gênio de que ele é muito insignificante perto da verdadeira beleza. Por isso, escolhemos uma tradução mais ampla: "Ninguém poderá lhe subtrair algo desse círculo". (N.T.)

116. Agir de modo exaltado.

117. Cf. nota de rodapé 59. (N.T.)

118. Cf. Bd. 2, s. 486.

§ 305

A *vontade* de viver, enquanto aquilo que compõe o cerne mais inato de todo ser vivo, se apresenta do modo mais desvelado, e permite, assim, ser observada e considerada da maneira mais clara e de acordo com o seu ser, nos animais mais elevados, e, portanto, mais inteligentes. Afinal, nos graus que lhes são *inferiores*, ela ainda não aparece de modo tão claro, e tem um nível menor de objetificação. *Acima deles*, porém, e, então, no homem, entra em cena, com a razão, a circunspecção, e, com ela, a capacidade da dissimulação, que de imediato lança um véu sobre o homem. E, dessa forma, a vontade aparece descoberta nele apenas na erupção dos afetos e das paixões. Justamente por isso, a paixão, quando fala, sempre merece crédito, e se apresenta do modo como é, com justeza. Pelas mesmas razões, as paixões são o tema principal da poesia e o cavalo de guerra do ator. Mormente sobre isso repousa nossa amizade pelos cães, macacos, gatos, etc.: a completa ingenuidade de todas as suas manifestações é o que tanto nos agrada neles.

Que prazer peculiar não nos oferece a visão de cada animal livre quando manifesta sua natureza de modo desimpedido e apenas para si, buscando sua alimentação, cuidando de seus filhotes, lidando com seus semelhantes, e assim por diante. Aquilo que ele pode e deve ser nos aparece tão completamente! Seja somente um passarinho, posso vê-lo longamente com prazer; sim, um roedor, um sapo, um ouriço, uma doninha, um veado ou uma corça! Que nós desfrutemos tanto da visão dos animais repousa sobretudo no fato de que nos alegramos muito em ver a essência de nosso próprio ser tão *simplificada* em nossa frente.

Existe sobre o mundo apenas *um* ser mentiroso: e ele é o *homem*. Todo outro ser é verdadeiro e sincero, na medida em que se manifesta de modo franco como aquilo que é e se exterioriza da maneira como se sente. Uma expressão emblemática ou alegórica dessa diferença fundamental deriva do fato de que todos os animais existem em sua forma natural, o que muito contribui à impressão tão agradável de suas visões (a qual, em mim, e especialmente quando o animal é livre, sempre abre o coração). Por outro lado, o homem se transformou, por meio das vestimentas, em uma careta, em um monstro, e sua visão, já por esse motivo, se faz repugnante. A isso ainda se somam as cores esbranquiçadas que não lhe são naturais e as consequências nojentas de sua alimentação antinatural de carne, do alcoolismo, do tabagismo, dos excessos e das doenças. O homem aparece, portanto, como uma mácula na natureza! Os gregos limitavam as vestimentas ao máximo, pois sentiam exatamente isso.

§ 306

A angústia psicológica provoca palpitações; e as palpitações engendram a angústia psicológica. Aborrecimento, preocupação e inquietude de ânimo agem de modo obstrutivo e agravante sobre os processos vitais e sobre o mecanismo do organismo; seja sobre a corrente sanguínea, a secreção ou a digestão. Se, porém, pelo contrário, esse mesmo mecanismo for impedido, obstruído ou perturbado de algum modo, isto é, no coração, no intestino, na *vena portarum*,[119] nas vesículas seminais ou onde for, mas tratando-se de causas físicas, então surgem a inquietude de ânimo, a preocupação, o humor taciturno, o aborrecimento sem objeto e, por conseguinte, o estado que se denomina de hipocondríaco. Justamente então, ou mais ainda, a ira nos leva a berrar, a arrebentar com força e a gesticular com violência. Precisamente aqueles fenômenos corporais aumentam a ira ou a atiçam nas situações mais brandas. E nem preciso dizer o quanto tudo isso comprova minha doutrina da unidade e identidade da vontade e do corpo, segundo a qual o corpo, deveras, não é nada senão a própria vontade, do modo como se apresenta na intuição espacial do cérebro.

§ 307

Muito do que é atribuído ao *poder do hábito* repousa, pelo contrário, na constância e invariabilidade do caráter original e inato, em consequência do qual, sob as mesmas circunstâncias, se faz sempre o mesmo (aquilo que, portanto, acontece com a mesma necessidade tanto na primeira como na centésima vez). O *poder* real *do hábito* repousa, pelo contrário, na *inércia*, que quer poupar do trabalho, da dificuldade e também do perigo de uma nova escolha o intelecto e a vontade; de modo que ela, a inércia, nos leva a fazer hoje o que já fizemos centenas de vezes, ou mesmo ontem, e por meio do que já sabemos que conduz a seu fim.

A verdade dessa questão, porém, jaz mais profundamente: deve ser entendida em um sentido mais particular do que o que possa parecer à primeira vista. O que, portanto, a *força da inércia* significa para os corpos, na medida em que esses são movimentados somente por causas mecânicas, é justamente a *força do hábito* para os corpos que são movidos por meio de motivos. As ações que executamos por mero hábito

---

119. Veias-portas. (N.T.)

acontecem, propriamente dizendo, sem um motivo particular, individual e que age de modo próprio para esse caso; portanto, nós também não pensamos exatamente nelas. Somente os primeiros exemplares de todas as ações que se tornaram hábito tiveram um motivo, cujo efeito secundário é o hábito de agora, e o qual é suficiente para que essas ações também prossigam. Isso ocorre, de maneira direta, como um corpo que se movimenta a partir de um golpe e que não precisa mais de outro golpe para continuar em movimento. Outrossim, desde que não seja perturbado por nada, segue adiante por toda a eternidade. O mesmo vale para os animais, porque seu adestramento consiste em um hábito forçado. O cavalo puxa, calmamente, sua carroça sempre adiante e sem ser estimulado a isso: esse movimento ainda é o efeito da chicotada pela qual ele foi estimulado inicialmente, e o que se perpetua como hábito de acordo com as leis da inércia. Isso tudo realmente é mais do que uma mera metáfora: ela já é a identidade da coisa, ou seja, da vontade, sobre os graus muito amplamente distintos de sua objetificação; de acordo com o que uma mesma lei de movimento assume formas tão distintas.

§ 308

"*Viva muchos años!*" é, em espanhol, uma saudação comum, e em toda a Terra as saudações com base em votos por uma vida longa são muito frequentes. Isso não se deixa explicar pelo conhecimento do que a vida é, mas, pelo contrário, pelo conhecimento do que o homem é, de acordo com a sua essência: portanto, a vontade de viver.

O desejo que todos têm de que, depois de sua morte, seja possível ser *lembrado*, e que entre os aspirantes ambiciosos vai até o *desejo de fama*, me parece se originar da afeição à vida, a qual, quando se vê apartada de toda possibilidade da existência real, se agarra a algo que somente existe ainda, embora apenas idealmente, e, portanto, a uma sombra.

§ 309

Menos ou mais, nós desejamos em tudo o que fazemos, ou em direção a tudo o que nos impulsiona, chegar ao fim;[120] e somos impacientes por

---

120. Há uma perda de ritmo poético na tradução de Payne desse período ("*Mehr oder weniger wünschen wir, bei Allem was wir treiben und thun, das Ende heran*"), já que ele inverte a ordem das palavras, em inglês: "*With everything that we do, we desire*

alcançá-lo e felizes ao alcançá-lo. Somente o fim geral, o fim de todos os fins, nós desejamos, via de regra, e tanto quanto possível.

§ 310

Toda separação dá um antegosto de morte, e todo reencontro, um antegosto de ressurreição. Por isso, as pessoas que eram indiferentes reciprocamente se rejubilam tanto quando, depois de vinte ou trinta anos, se reencontram.

§ 311a

A profunda dor sentida com a morte de todo ser amigável nasce do sentimento de que, em todo indivíduo, jaz algo de inexprimível, e que é próprio somente dele; e assim, de algo absolutamente *irrecuperável*. *Omne individuum ineffabile*.[121] Isso vale, inclusive, para um animal individual, e é sentido da maneira mais intensa por aquele que provocou acidentalmente a morte de um animal amado e que agora recebe seu olhar de despedida. Isso provoca uma dor de partir o coração.

§ 311b

Pode acontecer de nós, inclusive depois de bastante tempo,[122] lamentarmos a morte de nossos inimigos ou opositores quase tanto quanto a de nossos amigos. Isso ocorre quando temos saudades deles como testemunhas de nossos êxitos reluzentes.

§ 312

Que ser repentinamente informado de uma grande sorte pode induzir à morte repousa no fato de que nossa sorte ou azar é meramente uma relação de proporção entre nossas aspirações e o que se torna nosso. De acordo com isso, não sentimos, enquanto tais, os bens que possuímos

---

more or less the end" (Com tudo aquilo que fazemos, desejamos mais ou menos o fim). Quando se trata de aforismos, porém, é preferível manter a ordem das palavras, como tentamos fazer aqui, pois há uma espécie de ritmo poético nelas. (N.T.)

121. Todo indivíduo é inefável.

122. Payne se equivoca nessa tradução, pois Schopenhauer escreve "*nach langer Zeit*", e Payne traduz por: "*After a short time*" (Depois de pouco tempo). (N.T.)

ou dos quais temos certeza de antemão de que possuiremos, pois todo prazer é, propriamente dizendo, apenas *negativo*, isto é, age somente como uma libertação da dor. Pelo contrário, apenas a dor ou o que é ruim são propriamente positivos e sentidos positivamente.[123] Por isso, com a posse ou a certeza dela, aumenta imediatamente a aspiração e cresce nossa capacidade por mais posses ou projeções mais amplas. Por outro lado, com uma infelicidade duradoura, o espírito é comprimido, e a aspiração, diminuída a um *mínimo*, de modo que a sorte repentina já não acha nenhuma capacidade de recepção ali. Sendo assim, se a sorte repentina não for neutralizada por nenhuma aspiração encontrada previamente, ela age de modo aparentemente positivo e, destarte, com todo seu poder; logo, pode dinamitar o espírito, isto é, tornar-se fatal.

Daí a conhecida precaução de que primeiro se leve a pessoa a esperar pela sorte por se anunciar, e que a prometa e a torne conhecida, de modo gradual e parcial: assim, cada parte dela perderá a força de seu efeito, pois será antecipada por meio de uma aspiração, deixando espaço para mais. Em consequência disso, se pode dizer que nosso estômago é, de fato, infinito à boa sorte, mas tem a boca estreita. Em relação ao azar repentino, isso já não se aplica imediatamente. E, sendo assim, e porque a esperança sempre se levanta contra ele, o azar repentino age muito mais raramente de modo fatal. Que uma utilidade análoga já não possa ter o medo no caso de uma grande sorte se deve ao fato de que somos

---

123. Pela originalidade dessa tese de Schopenhauer da positividade da dor e negatividade do prazer, e também em função de sua centralidade no pensamento do filósofo, cabe citar aqui um dos momentos mais convincentes em que o autor argumenta em seu favor: "Nós sentimos a dor, mas não sentimos a falta de dor. Sentimos a preocupação, mas não a falta de preocupação. Sentimos o medo, mas não a segurança. Sentimos o desejo, como sentimos a fome e a sede; mas, tão logo eles são satisfeitos, ocorre o mesmo do que com o bocado de comida: no instante em que é devorado, desaparece aos nossos sentidos" (SCHOPENHAUER, 1986a, p. 575). A explicação mais cabal dada pelo filósofo para essas comparações é a seguinte: "Toda satisfação, ou aquilo que comumente se chama felicidade, é própria e essencialmente falando apenas *negativa*, jamais *positiva*. Não se trata de um contentamento que chega a nós originariamente, por si mesmo, mas sempre tem que ser a satisfação de um desejo; pois o desejo, isto é, a carência, é a condição prévia de todo prazer. Eis por que a satisfação ou o contentamento nada mais são senão a libertação de uma dor, de uma necessidade, pois a esta pertence não apenas cada sofrimento real, manifesto, mas também cada desejo, cuja inoportunidade perturba nossa paz, sim, até mesmo o mortífero tédio que torna a nossa existência um fardo (...) Só a carência, isto é, a dor nos é dada imediatamente. A satisfação e o prazer, entretanto, são conhecidos só indiretamente pela recordação do sofrimento precedente contraposto ao fim da privação quando aquela satisfação e prazer entram em cena" (SCHOPENHAUER, 2005, p. 411). (N.T.)

inclinados, instintivamente, mais à esperança do que à preocupação; assim como nossos olhos viram por si sós à luz, e não à escuridão.

§ 313

A *esperança* é a confusão entre o desejo de um acontecimento e a sua probabilidade. Contudo, talvez não haja ninguém livre dessa loucura do coração que nos faz remover tanto do intelecto a correta avaliação das probabilidades que chegamos a ver uma chance em cem como um evento facilmente possível. Por outro lado, um desastre sem esperança de reversão se assemelha a um rápido golpe de morte, e a esperança frustrada, mas sempre renovada, se iguala a um tipo de morte lento e torturante.[124]

A quem a esperança abandona, também o faz o medo; eis o sentido da expressão "desesperado". É, portanto, natural ao homem acreditar no que deseja, e acreditar nele porque o deseja. Se, então, essa particularidade paliativa e caritativa de sua natureza é suprimida por meio dos golpes repetidos e duríssimos do destino, e o homem é levado, inversamente, a crer que poderia acontecer o que não deseja, e jamais acontecer o que deseja, e justamente porque o deseja, então isso é propriamente o que se denominou estado de desesperança.

§ 314

Que nós nos enganemos com tanta frequência sobre os demais nem sempre é culpa imediata de nossa faculdade do juízo, mas algo que se origina, na maioria das vezes, do que Bacon expressou com a frase: "*Intellectus luminis sicci non est, sed recipit infusionem a voluntate et affectibus*".[125] Ou seja, pelo fato de que nós, sem sabê-lo, já de início simpatizamos ou nos antipatizamos com os outros, e com base em minúcias. Muito frequentemente, essa verdade também repousa no fato de que nós não permanecemos nas propriedades reais e reveladas por eles, mas, dessas, inferimos outras que tomamos por inseparáveis delas ou,

---

124. A esperança é um estado em que a nossa completa essência, ou seja, a vontade e o intelecto, concorrem: a primeira, porque deseja o objeto da esperança, e o segundo, na medida em que o calcula como provável. Quanto maior a participação do último fator e menor a do primeiro, tanto melhor para a esperança: no caso inverso, tanto pior. (N.T.)

125. "A luz do intelecto não queima de modo seco (sem óleo), mas recebe a infusão da vontade e dos afetos." (N.T.)

inversamente, por incompatíveis com elas. Por exemplo, da constatação da generosidade deduzimos o espírito de justiça, da religiosidade, da honestidade, do hábito da mentira, da fraude — e dele, o do furto —, e assim por diante; o que abre as portas para muitos equívocos. Isso tudo é consequência, em parte, da singularidade[126] dos caracteres humanos, e, em parte, da unilateralidade de nossos pontos de vista. É verdade que o caráter é absolutamente consequente e contínuo; porém, as raízes de suas completas propriedades são profundas demais para que, considerando dados esporádicos, se possa determinar quais deles poderiam coexistir em uma determinada situação e quais não poderiam.

§ 315

É, inconscientemente, acertado o uso geral, encontrado em todas as línguas europeias, da palavra *"pessoa"*[127] à designação do indivíduo humano: afinal, "persona" conota uma máscara de teatro, e ninguém se revela, na realidade, como de fato é, mas todos usam uma máscara e representam um papel. E, antes de mais nada, a vida social é uma comédia contínua. Isso a torna insípida aos homens de grande valor, enquanto os cabeças-ocas se comprazem nela.

§ 316

Acontece de revelarmos o que, de algum modo, pode nos ser perigoso. Porém, não perdemos nossa discrição com o que pode nos tornar risíveis, pois, aqui, o efeito se segue bem de súbito a partir da causa.

§ 317

Após uma injustiça sofrida, se inflama no ser humano natural uma sede calorosa por *vingança*, e frequentemente foi dito que a vingança é doce. Isso é confirmado com os inúmeros sacrifícios que foram realizados apenas para satisfazê-la, e sem que, por meio disso, qualquer compensação pudesse ter sido obtida. Ao centauro Nesso, a previsão segura

---

126. O termo utilizado aqui por Schopenhauer, *"Seltsamkeit"*, significa tanto singularidade quanto estranheza ou esquisitice. Em ambos os casos, porém, tem-se o fato de que a diversidade dos caracteres humanos — estranhos ou singulares — nos leva a nos equivocarmos com frequência sobre os demais. (N.T.)

127. Person. (N.T.)

de uma vingança preparada de modo extremamente astuto, e na qual ele empregou seus últimos segundos, adocica a morte amarga.[128] O mesmo pensamento convertido em uma exposição mais moderna e plausível se encerra na novela traduzida em três idiomas de Bertolotti, *Le due sorelle* [As duas irmãs]. De modo tão forte quanto correto, Walter Scott exprime essa inclinação humana com as seguintes palavras: "*Revenge is the sweetest morsel to the mouth, that ever was cooked in hell*" (A vingança é o manjar mais doce, cozinhado no Inferno). Quero, portanto, ensaiar uma explicação fisiológica a ela:

Todo sofrimento que nos é lançado pela natureza, ou pelo acaso ou destino, *ceteris paribus*,[129] não é tão doloroso como o que nos é imposto pelo arbítrio alheio. Isso se deve ao fato de que reconhecemos a natureza e o acaso como o governante original do mundo, e vemos que o que nos chega por meio deles, justamente, então, também chegaria a todos os demais. Sendo assim, lamentamos no sofrimento oriundo dessa fonte mais a parcela comum da humanidade do que a nossa própria. Por outro lado, o sofrimento provocado pelo arbítrio alheio tem um complemento peculiar e amargo à dor ou ao sofrimento em si, a saber, a consciência da superioridade alheia, que, seja por meio da violência ou astúcia, se opôs à nossa própria impotência. O dano sofrido pode ser reparado com uma técnica, quando esta for possível; porém, esse complemento amargo, esse "*Isso eu devo me permitir causar-lhe*", que frequentemente machuca mais do que a própria dor, é neutralizado somente pela vingança. Afinal, pela violência ou astúcia infligimos uma dor em retorno a quem nos prejudica e, deste modo, mostramos nossa superioridade sobre o outro e anulamos a demonstração de sua própria superioridade.

Isso dá ao ânimo uma satisfação, pela qual ele esteve sedento. De acordo com isso, onde há muito orgulho ou vaidade, também há muita sede de vingança. Porém, assim como todo desejo realizado é, às vezes mais e às vezes menos, desvelado como uma ilusão, o mesmo também ocorre com o que cai na alçada da vingança. Na maioria das vezes, a satisfação que se espera dela nos estraga diante da compaixão. Sim,

---

128. Na mitologia grega, Nesso foi morto por Héracles a flechadas, após tentar violentar Dejanira, esposa deste. Em seus momentos finais de vida, Nesso disse a Dejanira que o sangue dele daria a Héracles o poder de amá-la para sempre. Quando se sentiu menos amada pelo marido, Dejanira levou-o a entrar em contato com o sangue de Nesso, mal sabendo que assim lhe conduzia um veneno fatal que ardilosamente lhe havia reservado o vingativo centauro. (N.T.)

129. Mantidas inalteradas todas as outras variantes. (N.T.)

frequentemente o coração se despedaça e a consciência se atormenta logo após o ato da vingança: o motivo dela não age mais, e a prova de nossa maldade permanece e cria raízes à nossa frente.

§ 318

A dor de um desejo não preenchido é pequena em comparação com a do *arrependimento*: pois aquela se depara com o futuro aberto e imprevisível, esta, com o passado irrevogável e findo.

§ 319

"Paciência" (*patientia*), e especialmente a palavra espanhola "*sufrimiento*", que significa sofrimento, é passividade, o oposto da atividade do espírito; e onde esta última for grande, dificilmente a passividade existirá. Ela é a virtude inata dos fleumáticos, como também dos preguiçosos, dos pobres de espírito e das mulheres. Sendo assim, como é muito útil e necessária, consiste em uma triste condição deste mundo.

§ 320

O *dinheiro* é a bem-aventurança humana *in abstracto*. Destarte, quem não for mais capaz de desfrutá-la *in concreto* terá todo o seu coração atado ao dinheiro.[130]

---

130. Schopenhauer desenvolveu o tema da relação do dinheiro, ou da posse em geral, com a felicidade no capítulo 3 de *Aforismos para a sabedoria de vida* (1851). Nesse texto, ele explanou que a ganância humana por dinheiro se origina do fato de que, para a nossa fantasia: "Só o dinheiro é o bem absoluto, porque ele combate não apenas *uma* necessidade *in concreto*, mas *a* necessidade em geral, *in abstracto*" (SCHOPENHAUER, 2002, p. 52). Em outras palavras, como o dinheiro não tem uma forma definida, mas é um meio para os mais diversos fins, nos iludimos com a fantasia de que ele pode saciar todas as nossas necessidades, e de uma só vez. Contudo, muitas necessidades não são saciadas pelo capital, as que o são não podem ser fruídas todas ao mesmo tempo, e, sobretudo, nenhuma delas é saciada "*in abstracto*" e apenas com a posse do dinheiro, mas este é um mero meio à sua satisfação *in concreto*. Portanto, devemos nos precaver contra a ideia da sociabilidade absoluta da vontade via dinheiro, e nos recordamos de que, como a vontade é infinitamente insaciável: "A riqueza é como a água do mar: quanto mais a bebemos, mais sede sentimos" (idem, p. 50). Os bens que compõem aquilo que *temos*, segundo o autor, ajudam em nossa busca da felicidade, mas não com a mesma importância dos bens que compõem o que *somos*, a saber, "a saúde, a força, a beleza, o temperamento, o caráter moral, a inteligência" (idem, p. 3) e a instrução. Uma bela metáfora criada por Schopenhauer sobre o dinheiro é que

§ 321

Toda *teimosia* se deve ao fato de que a vontade se aglomera no lugar do conhecimento.

§ 322

Rabugice e melancolia estão bem distantes uma da outra: o caminho é muito mais curto da jovialidade à melancolia do que desde a rabugice. *Melancolia* atrai; rabugice repele.

A *hipocondria* atormenta não apenas com desgostos e aborrecimentos sem razões sobre as coisas presentes, ou o medo infundado de tragédias futuras e mentalizadas de modo forçado, mas também inferniza com repreensões injustas de nossas próprias ações no passado. O efeito imediato da hipocondria é uma constante busca e cisma por algo com o que se aborrecer ou se irritar. Sua causa é um desgosto interno e doentio, e também, frequentemente, uma inquietude interna oriunda do temperamento: quando ambas alcançam o grau mais elevado, podem conduzir ao suicídio.

§ 323

Para uma explicação mais íntima do verso de Juvenal citado anteriormente, no § 115, "*Quantulacunque adeo est occasio, sufficit irae*",[131] podem ser úteis as seguintes observações:

A *raiva* engendra imediatamente uma ilusão que consiste em um monstruoso alargamento e desfiguração de seus motivos.

Propriamente dizendo, essa ilusão aumenta, portanto, retroativamente a raiva, e é de novo, por meio dessa raiva, ampliada e aumentada.

Por isso, esse efeito recíproco é continuamente recrudescido, até que o *furor brevis*[132] vem à tona.

Para preveni-la, as pessoas intensas deveriam, assim que começam a se irritar, procurar se controlar e, desse modo, buscar remover

---

ele se assemelha ao deus grego Proteu: é divino, soluciona inúmeros problemas, mas também é metamórfico e fugidio. Quem o busca com desespero o afugenta, e, muitas vezes, ele está ao nosso lado sem que o percebamos, pois o buscamos sob uma forma e ele pode aparecer em outra. (N.T.)

131. "Não importa quão pequena seja a ocasião, ela pode ser suficiente à raiva." (N.T.)

132. Breve paroxismo de raiva. (N.T.)

a coisa da cabeça por ora: afinal, essa coisa, ao retornar depois de uma hora, terá cessado há muito de ser-lhes tão grave, e talvez logo lhes pareça insignificante.

§ 324

Ódio é coisa do coração. *Desprezo*, da cabeça. E o eu não tem nenhum de ambos em seu poder, pois seu coração é imutável e movido por motivos, e sua cabeça julga de acordo com regras inalteráveis e dados objetivos. O eu é somente o elo desse coração com essa cabeça, o ζεῦγμα [*zeûgma*].[133] Ódio e desprezo permanecem em um antagonismo decisivo e se excluem um ao outro. E, de fato, muitos ódios não têm nenhuma outra fonte além da alta estima imposta sobre as vantagens alheias. Por outro lado, caso se quisesse odiar todos os mesquinhos joões-ninguém, seria necessário fazer muito para consegui-lo; porém, desprezá-los já é possível de ser feito com uma comodidade muito maior, e tanto no todo quanto em nível particular. O verdadeiro e legítimo desprezo, e que é o oposto do verdadeiro e legítimo orgulho, permanece, porém, completamente secreto e não deixa nada de si ser notado. Afinal, quem deixa transparecê--lo já revela, por meio disso, uma marca de alguma estimação pelo outro, pois quer lhe deixar claro o quão pouco o estima. Por isso, ela revela que existe algum ódio, o que exclui o desprezo e o dissimula. O legítimo desprezo, assim, é a pura convicção da falta de valor do outro, o que é perfeitamente compatível com a tolerância e mesmo com o cuidado com ele, por meio do que se evita irritar o desprezado, em nome da própria paz e segurança (pois sua irritação pode prejudicar qualquer um). Caso apareça, portanto, em um dado momento, esse desprezo puro, sincero e frio, ele será retribuído com o mais sangrento ódio; pois retribuir-lhe em pé de igualdade não está sob o poder do desprezado.[134]

---

133. Ponte, ligação. (N.T.)
134. Schopenhauer citou essa retribuição do desprezado em abstrato: "*Mit Gleichem zu erwidern nicht in der Macht des Verachteten steht*" (retribuir-lhe em pé de igualdade não está sob o poder do desprezado). Porém, Payne traduziu essa frase para o inglês como se se tratasse da incapacidade do desprezado de usar as mesmas *armas* do desprezador (a saber, o desprezo): "*The man who is held in scorn does not have it in his power to retaliate with the same weapon*" (O homem que é desprezado não tem sob seu poder a retaliação a partir da mesma arma). Preferimos manter as palavras em abstrato de Schopenhauer, pois elas ainda guardam uma possibilidade anulada pela tradução de Payne: a de que a ferida vingativa do desprezado contra o desprezador não pode se igualar à que lhe foi lançada em qualidade ou intensidade. Ou seja, é verdade que o desprezado não consegue usar as mesmas "armas" (o desprezo) contra o desprezador, mas mesmo que use

§ 324a

Todo incidente que nos traz algum afeto desagradável, e inclusive quando bem insignificante, deixa consequências em nosso espírito. E esses, pelo tempo que duram, são um obstáculo às circunstâncias e à consideração clara e objetiva das coisas. Sim, eles tingem todo o nosso pensamento, como um objeto bem pequeno trazido para perto e posto diante dos olhos, e que limitam e desfiguram o nosso campo visual.

§ 325

O que torna o homem *impiedoso* é o fato de que todos têm pragas o suficiente para suportar, ou creem tê-las. Por isso, um estado atipicamente feliz torna a maioria das pessoas caridosas e compassivas. Porém, um estado assim contínuo e que sempre tenha existido age, frequentemente, em um sentido contrário, e afasta tanto a maioria das pessoas do sofrimento que elas se tornam incapazes de tomar parte nele. Sendo assim, ocorre que, às vezes, os pobres se revelam muito mais solícitos em ajudar o próximo do que os ricos.

Pelo contrário, o que torna os homens tão *indiscretos*, como os vemos espionando e se intrometendo na vida dos outros, é o polo da vida oposto ao sofrimento: é o tédio; assim como a inveja, que frequentemente age em conjunto com ele.

§ 326

Quem quer saber mais ao certo qual é a opinião franca e particular que tem de uma pessoa, que dê atenção à impressão produzida em seu primeiro olhar a uma carta recebida dessa pessoa por correio.

§ 327

Às vezes parece que nós, ao mesmo tempo, queremos e não queremos algo, e, por conseguinte, nos regozijamos e nos afligimos com um mesmo acontecimento. Por exemplo, quando, em qualquer assunto ou questão, temos de passar por uma prova decisiva, e da qual será muito

---

outras armas de lesão (física ou verbal rudemente, por exemplo), tampouco poderá se igualar à intensidade ou qualidade da ferida recebida (N.T.)

valioso sair vitorioso: então desejamos e tememos, simultaneamente, o momento do exame.

Assim, vemos que, quando o aguardamos, caso ele seja protelado, isso nos alegrará e nos entristecerá concomitantemente. Afinal, embora o adiamento seja contra nossas intenções, ele nos dá, ao mesmo tempo, um visível alívio. E o mesmo acontece quando esperamos uma carta importante e decisiva, e ela demora a chegar.

Em ambos os casos, dois motivos distintos agem sobre nós, propriamente dizendo: um mais forte, porém que jaz mais distante, o desejo de passar no teste e chegar à decisão, e outro mais fraco, porém mais próximo, que é permanecer, por ora, em paz e protegido, sentindo um pouco mais o gozo da vantagem que pelo menos o estado de incerteza nos dá diante da imagem do desfecho infeliz e sempre possível. Por isso ocorre, aqui, no campo da moral, o mesmo que no plano físico, quando um objeto menor, porém mais próximo, cobre em nosso campo visual um maior, porém mais distante.

§ 328

A *razão* também pode ser concebida como uma *profetisa*: pois, de fato, nos apresenta o que sucederá como a consequência ou o efeito futuro de nosso agir no presente. Justamente por isso ela é muito apropriada a nos manter nas rédeas, quando os protestos da luxúria, as explosões da raiva ou os desejos da ganância querem nos tentar em direção àquilo que, no futuro, certamente provocará o nosso arrependimento.[135]

---

135. Esse aforismo evidencia que Schopenhauer não é um irracionalista ou um "destruidor da razão", como foi argumentado, por exemplo, por Georg Lukács (Cf. LUKÁCS, 1980, p. 8). Como guia à conduta, e do ponto de vista estritamente eudemonológico (ou seja, em vista da felicidade), Schopenhauer reconhece que a razão prática deve ser priorizada sobre a orientação dos desejos, e se alinha, assim, à eudemonologia racionalista de Platão. Para Platão, a "virtude" (ἀρετή, *areté*) da alma, no sentido daquilo que ela "faz sozinha ou com mais perfeição do que as outras" (PLATÃO, 2000, 353b) [coisas], é "dirigir, comandar, aconselhar e tudo o mais no gênero" (idem, 352e), e, sobretudo em relação ao corpo e à vida. Sócrates representa esse ideal com a imagem de uma balança: para cada opção de ação, pode-se esperar uma certa quantidade de prazeres e dores como resultado. Quem erra nessa pesagem ou "aritmética" (PLATÃO, 2002, 357a) de prazeres e dores, e escolhe a opção que traz o mínimo de prazer e o máximo de dor, diz-se que foi "vencido pelos prazeres" (idem, 430e). Quem acerta age de modo virtuoso e pode ser chamado de "senhor de si mesmo". Por isso, é muito importante aprendermos a distinguir entre as dores "boas" e os prazeres "maus": as primeiras são, por exemplo, os exercícios físicos, tratamentos médicos, dietas prolongadas, etc., que, embora ocasionem "imediatamente sofrimentos", são bons porque

§ 329

O curso e os acontecimentos de nossa vida individual são, no que diz respeito a seu verdadeiro sentido e conexão, algo comparável às obras mais rudimentares em mosaico: pelo tempo em que permanecemos diante, porém próximos delas, não reconhecemos muito bem os objetos apresentados e não avistamos nada de seu significado e beleza. Somente com certa distância é que ambas se evidenciam. Justamente por isso, frequentemente se entende a verdadeira coerência dos acontecimentos importantes da nossa vida não em seu decurso, e tampouco logo após eles, mas somente um certo tempo depois deles.[136]

---

são causas ulteriores "de saúde e bem-estar físico" (idem, 354b). Já os prazeres maus são, por exemplo, certos amores, bebidas e comidas, que tampouco "são nocivas por causa dos prazeres imediatos que ocasionam, mas por causa das doenças e outros males que lhes vêm no rastro" (idem, 353d-e). Mas como desenvolver essa "arte de medir" (idem, 356d) tão sutil, se formos guiados pelos apetites, os quais são cegos, intensos, contraditórios e fugazes? Somente quem se orienta pela razão, a qual, por enxergar tudo do modo mais completo, puro e exato possível, poderá se aprofundar na arte de viver. Por isso, Sócrates defende que há em nós "um princípio melhor e outro pior" (PLATÃO, 2000, 431a): quando o "melhor assume o domínio sobre o outro, dizemos que [o homem] é superior a si mesmo; é um elogio" (ibidem). Do contrário, afirmamos que ele sucumbiu ao vício. O princípio melhor da alma é a razão, cuja virtude prática consiste na sabedoria ou na prudência. A prudência é, portanto, "uma espécie de conhecimento" (PLATÃO, 2000, 428b), a saber, a de "emitir bons conselhos" e deliberar bem sobre o "conjunto" (idem, 428d) da vida. Abaixo dela há, na alma, os sentimentos, cuja função é intermediar a razão e os apetites. Sua virtude é a coragem, que Sócrates compara a uma lã bem tingida que, mesmo com muito uso e lavagens, não perde a cor. Analogamente, a coragem, se bem impressa na alma pela educação, também salva o racional, e mesmo nas situações mais difíceis (de medo, pressão de desejos nocivos, etc.). Por fim, os apetites são o que há de pior na alma, não no sentido de que devem ser reprimidos, mas porque são cegos, contraditórios, efêmeros e tirânicos. Sua virtude própria é a temperança, a qual consiste na capacidade de aceitar o controle racional, sob a pressão da coragem. Onde houver temperança, coragem e sabedoria, haverá também justiça, que é a "virtude da alma" (idem, 354a). A justiça depende, portanto, de que cada parte cumpra "o que lhe compete" (idem, 433e), cuide "do que lhe diz respeito" (PLATÃO, 2002, 433b) e não atrapalhe as demais partes. E o prêmio da justiça será a felicidade. Embora Schopenhauer dê a alguns desses conceitos um significado próprio, ele se alinha à eudemonologia racionalista de Platão quando afirma que a razão é uma profetisa, no sentido de que é o melhor voz a ser seguida em nossa busca heroica da felicidade. Schopenhauer, por isso, não é um destruidor da razão, mas apenas um reconhecedor de seus limites, como busquei aprofundar em outro trabalho (Cf. GERMER, 2021, p. 38-45). (N.T.)

136. Nós não reconhecemos facilmente *o significativo* dos acontecimentos e das pessoas no presente; somente quando eles estão no passado e são destacados pelas lembranças, narrativas e exposições, saltam à vista suas significâncias.

Isso é assim por que carecemos das lentes amplificadoras da fantasia? Ou por que somente de longe o todo permite ser abrangido pela vista? Ou não seria porque as paixões devem ser refreadas, ou por que somente a escola da experiência nos torna maduros no julgar? Talvez tudo isso ao mesmo tempo. Porém, é certo que, com frequência, só depois de muitos anos a luz correta nos aclara quanto às ações dos outros; e, muitas vezes, inclusive, quanto às nossas próprias. E, assim como na vida própria, também vale o mesmo para a história.

§ 330

Na maioria das vezes, com os estados da felicidade humana se passa o mesmo que com certos agrupamentos de árvores, os quais, vistos de longe, parecem maravilhosos, mas, se você sobe ou entra neles, toda a beleza desaparece: não se sabe onde ela residia ou se se encontra entre as árvores. Por causa disso, invejamos com tanta frequência a situação dos outros.

§ 331

Porque, apesar de todos os espelhos, não sabemos, propriamente dizendo, como nos parecemos. E não podemos apresentar, desse modo, a nossa própria pessoa à nossa fantasia do mesmo modo como o fazemos com todos os nossos conhecidos? Eis uma dificuldade que se opõe já de saída ao γνῶθι σαυτόν[137] [gnôthi sautón] (conhece-te a ti mesmo).

Sem dúvida, isso se deve, em parte, ao fato de que, no espelho, nunca vemos algo diferente de uma vista imóvel e que não gira. Com isso, o jogo tão significativo dos olhos e, com ele, a característica própria do olhar são, em grande parte, perdidos. Ao lado dessa impossibilidade física, porém, ainda parece agir uma outra moral e que lhe é correspondente: não podemos lançar um *olhar de uma outra pessoa* ao espelho e à própria imagem, sendo essa uma condição da *objetividade* da consideração de si mesmo. Afinal, esse olhar alheio repousa, em última instância, no egoísmo moral, com seu não-eu profundamente sentido (Cf. *Grundprobl. der Ethik*, p. 275; 2. ed., p. 272),[138] e que, enquanto tal, é exigido à percepção de todos

---

137. Inscrição do templo de Apolo em Delfos atribuído a Quílon da Lacedemônia.
138. Neste texto, Schopenhauer defende que, do ponto de vista moral, a saber, aquele que leva em consideração a motivação primeira de nossas ações, estas podem ser classificadas em três grupos básicos: ações egoístas, maldosas (ou cruéis) e bondosas (ou

os defeitos de modo puramente objetivo e sem descontos (percepção essa por meio da qual a imagem se apresenta de modo fiel e verdadeiro acima de tudo). Já com a mirada à própria pessoa no espelho, aquele mesmo egoísmo sempre nos sussurra um circundante *não se trata de um não-eu, mas de mim*, que aqui age como um *noli me tangere*,[139] impede a consideração puramente objetiva e a qual parece, portanto, não poder subsistir sem o fermento de uma grande malícia.

§ 332

Quais forças de padecer e agir cada um traz em si ninguém conhece até que uma ocasião as coloque em prática; assim como a água que descansa em um viveiro não é visível, em um espelho plano, com que fúria e rugido ela não poderia se precipitar, incólume, desde um rochedo, ou como ela não seria capaz de subir bem alto em um chafariz; ou, ainda, como não poderia castigar o calor latente sob a forma do gelo.

§ 333

A existência sem a consciência só tem realidade para os outros seres em que existe a consciência: a realidade *imediata* é condicionada pelo próprio *consciente*. Portanto, a existência real e individual do homem também permanece, em última instância, em sua consciência. Esta, porém, e enquanto tal, é necessariamente algo que representa e, assim, é condicionada pelo intelecto, pela esfera e pelo estofo de atividade do último. De acordo com isso, os graus de clareza de consciência e, portanto, de intelecção podem ser vistos como os graus da *realidade da existência*. Na espécie humana, esses graus de intelecção ou de clareza de consciência da existência, própria ou alheia, têm múltiplas gradações, que variam conforme a medida natural das forças de espírito de cada um, sua instrução e ócio para a meditação.

---

compassivas). O egoísmo tem por finalidade o bem-estar próprio do agente da ação; a maldade visa apenas o mal-estar alheio; e a bondade quer tão somente o bem-estar do outro. O "egoísmo é colossal, comanda o mundo" (SCHOPENHAUER, 2001, p. 121); já a pura maldade ou bondade, que não sejam subordinadas ao egoísmo, existem, mas são raras. A explicação do predomínio do egoísmo sobre a maldade e sobre a bondade é o fato de que "cada um é dado a si mesmo *imediatamente*, mas os outros lhe são dados apenas *mediatamente*, por meio da representação deles na sua cabeça. E a *imediatez* afirma seu direito" (idem, p. 122). (N.T.)
139. Não me toque! (N.T.)

106

No que diz respeito à diferença própria e original da força de espírito de cada um, não é possível fazer uma comparação enquanto se permanecer no universal e não se considerar o particular. Afinal, essa distinção não é visível de longe, tampouco pode ser conhecida desde fora com muita facilidade, como ocorre, por exemplo, com as diferenças de formação, ócio e posição.

Contudo, somente com base nessa diferença é possível compreender o fato de que muitos homens possuem um *grau de existência* pelo menos dez vezes maior do que o dos outros — *existindo*, portanto, dez vezes mais do que eles.

Não quero falar aqui dos homens agrestes, cuja vida se situa com frequência somente *um* grau acima da dos macacos em suas árvores.[140] Mas consideremos, digamos, um trabalhador braçal de Nápoles ou de Veneza (no Norte, a preocupação com o inverno torna os homens mais reflexivos e, por conseguinte, mais moderados), e supervisionemos seu curso de vida do início ao fim: ele é movido pelas necessidades, respaldado por sua própria força; ante as carências do dia a dia, sim, mesmo das horas, é socorrido pelo trabalho. Muito cansaço, tumulto constante, privação abundante. Nenhuma preocupação com o amanhã, relaxamentos estimulantes, que se seguem do esgotamento. Muita disputa com os outros, e em momento algum tempo para pensar. Agrados sensuais em clima ameno, comida suportável; e, para finalizar, alguma superstição crassa da Igreja, como o elemento metafísico: no todo, portanto, visualizamos um esforço consciente assaz bruto, ou, mais exatamente, um ser em movimento. Esse sonho confuso e inquieto constitui a vida de muitos milhões de seres humanos. Eles *conhecem* tão somente em nome de seu *querer* momentâneo: nada refletem sobre a conexão *em* sua existência, e menos ainda sobre a própria existência. De certo modo, estão ali sem percebê-lo muito bem. E, de acordo com isso, a existência do proletariado,[141] ou do escravizado irreflexivo, e que simplesmente ainda vivem, é significativamente mais próxima da do animal, que está por inteiro restrito ao presente, do que da nossa. E eis também por que é menos tortuosa: sim, afinal, toda satisfação, de acordo com sua natureza, é *negativa*, ou seja, consiste em uma libertação de uma necessidade ou

---

140. Comparação extremamente problemática, pois dá azo a interpretações racistas e que merecem o mais forte repúdio, ainda que Schopenhauer tenha usado essa metáfora em termos abstratos e acrescentado, como fará na sequência, que a vida desses seres humanos supostamente mais naturais é menos tortuosa e mais prazerosa do que a dos supostamente mais conscientes. (N.T.)
141. *"Proletariers."* (N.T.)

dor; portanto, a rápida e contínua alternância entre a fadiga e seus alívios, que acompanha ininterruptamente o cotidiano do proletariado e se intensifica com sua transição infinita entre, por um lado, o trabalho e, por outro, o sossego e a satisfação de suas necessidades consiste em uma fonte permanente de prazer. Um testemunho bem confiável disso é o rendimento e a alegria encontrados com muito mais frequência no semblante dos pobres do que no dos ricos.

Contudo, consideremos, agora, o comerciante racional e reflexivo que passa sua vida entre especulações, que executa planos mais amplos e de modo prudente, que funda a sua casa e se preocupa com a sua esposa, os seus filhos e descendentes, e, além disso, participa ativamente dos assuntos comunitários. Evidentemente, essa pessoa existe com muito mais consciência do que a anterior, isto é, sua existência tem um grau maior de realidade.

Agora, miremos o estudioso, aquele ser humano que pesquisa algo da história do passado. Ele já é consciente da existência como um todo e para além do tempo de sua própria existência ou pessoa: ele reflete sobre o curso do mundo.

E, por fim, o poeta ou mesmo o filósofo, nos quais a certeza alcançou um certo grau em que eles não são estimulados a pesquisar, seja qual for, esse ou aquele fenômeno particular na existência, mas se detêm admirados diante da *existência mesmo*, perante essa grande esfinge, tornando-a o seu problema. A consciência, neles, se elevou ao grau da clareza, de tal modo que se transformou em consciência do mundo, por meio do que a sua representação foi excepcionalmente separada de toda relação a serviço de sua vontade. Agora, aparece um mundo que os convida muito mais à investigação e à contemplação do que a tomar parte em seu jogo de estímulos. Assim, os graus de consciência são os graus da realidade, de modo que, quando chamamos um tal homem de *o ser mais real de todos*, a frase possui pleno significado e sentido.

Entre os extremos aqui descritos, e considerando os seus diversos pontos intermediários, pode ser indicado o lugar de cada um de nós.

§ 334

O verso de Ovídio:

Pronaque cum spectent animalia cetera terram.
[Onde os animais viram o rosto, se voltam para a terra.]
(Ovídio, *Metamorphoses*, I, 85.)

Vale, em sentido tanto estrito quanto físico, apenas para os animais. Porém, em sentido figurado e mental, infelizmente, também à maioria dos homens. Seus sentidos, pensamentos e aspirações são completamente absorvidos pelo anseio por bem-estar e prazer físico ou por interesses pessoais, cuja esfera, é verdade, abrange, com frequência, muitas coisas, mas todas elas, em última instância, só têm importância em sua relação com o bem-estar ou interesse próprios: desses últimos não se vai além. Isso é mostrado não apenas pelo modo de vida e pelos diálogos da maioria das pessoas, mas, inclusive, em seu mero olhar, suas fisionomias e expressões, caminhar e gestos: tudo neles proclama: "*In terram prona!*" (Curve-se à terra!; cf. Sallust, *Catilina*, cap. 1). Portanto, não valem em relação à maioria das pessoas, mas somente às naturezas mais bem-dotadas e nobres, isto é, aos homens que pensam e que realmente olham ao seu redor, e que aparecem somente como exceções à espécie, os seguintes versos:

> *Os homini sublime dedit, coelumque tueri*
> *Iussit, et erectos ad sidera tollere vultus.*
> [Ele deu aos homens somente um rosto elevado, e o içou
> Para levantar os olhos, com olhar elevado, às estrelas do céu.]
> (Ovídio, *Metamorphoses*, I, 85.)

§ 335

Por que "comum" é uma expressão de desprezo? E "raro", "extraordinário", "distinto", termos aplaudidos? Por que todo ordinário é desprezível?

Originalmente, "comum" significa o que é coletivo e pertence a todos, isto é, à espécie inteira. Por isso, quem não tem nenhuma característica, além das que valem, em geral, à raça humana, é um *homem comum*. Um *homem típico* é uma expressão mais suave, e mais dirigida ao intelectual, enquanto a primeira se dirige mais para o moral.[142]

Afinal, que valor pode ter um ser que não é em nada distinto dos milhões que lhe são iguais? Milhões? Nem isso, há um infinito, uma quantidade sem fim de seres que a natureza, por meio de sua fonte inesgotável, faz brotar incessantemente, in *secula seculorum* (para os milênios

---

142. *Gemein* (comum), em alemão, tem um aspecto mais moral, pois *Gemeinheit* também significa "vilania" e "baixeza". Porém, não encontramos em português uma palavra que signifique tanto algo compartilhado com todos quanto algo repreensível moralmente. *Gewöhnlich*, por sua vez, traduzimos por "típico", já que Schopenhauer afirma tratar-se de algo mais "suave" (*gelinderer*) do que *gemein*. (N.T.)

que se seguem), e tão generosamente como um ferreiro que pulveriza escórias de ferro ao seu redor.

Por isso, é compreensível que um ser que não tem nenhuma outra característica do que as tidas por toda a espécie também não possa reivindicar nenhuma outra existência do que a que ocorre na espécie e por meio dela.

Em outros momentos (por exemplo, em *Grundprobleme der Ethik*, p. 50, *Welt als Wille und Vorstellung*, I, p. 338), eu esclareci que, enquanto os animais só possuem o caráter da espécie, ao homem apenas pode ser atribuído o caráter propriamente individual. Contudo, em sua maioria, ele só é, de fato, ligeiramente individual: os homens podem ser quase completamente classificados de acordo com grupos.[143] *Ce sont des espèces* (trata-se de amostras de peças). Seu querer e pensar, assim como suas fisionomias, é o da espécie como um todo, ou, em todo caso, o dos grupos humanos aos quais pertencem. E, justamente por isso, são triviais, cotidianos, comuns, seres que existem milhares de vezes. Também na maioria das vezes, seu falar e agir pode ser previsto com bastante precisão. Eles não apresentam marcas singulares: são como peças de fábrica.

Portanto, não deveria, assim como a sua essência, também a sua existência ser absorvida pela da espécie? A praga da baixeza[144] aproxima o homem dos animais, uma vez que lhe concede seu ser e existência apenas por meio da espécie.

Por outro lado, se entende, por si só, que tudo que seja elevado, grandioso e nobre existirá, por sua natureza, isolado em um mundo em que, para se designar o rasteiro e o rejeitável, não há melhor expressão do que a que o denomina como existente conforme a regra: *comum.*

§ 336

A *Vontade*, como coisa em si, é o estofo comum de todo ser, é o elemento universal das coisas: nós a temos, portanto, em comum com todo e cada um dos seres humanos; sim, também com os animais, e descendo aos

---

143. Schopenhauer utiliza aqui a palavra *Klassen*, que costuma ser traduzida por "classes". Contudo, optamos por traduzi-la por "grupos" para distingui-la da diferenciação mais usual e influenciada pelo marxismo, entre "classes" sociais, a partir das condições estritamente socioeconômicas. Ao empregar esse termo aqui, Schopenhauer não o restringe à perspectiva socioeconômica. (N.T.)

144. Schopenhauer emprega aqui o termo *Gemeinheit*, que, como já dito, embora se vincule com a palavra *gemein* (comum), também pode ter uma conotação moral negativa. (N.T.)

110

demais seres. Nela, portanto, e enquanto tal, somos iguais a todos, pois tudo e cada coisa está cheia de Vontade e transborda dela. Aquilo que eleva o ser sobre o ser, pelo contrário, ou o homem sobre o homem, é o conhecimento. Por isso, nossas atitudes deveriam, tanto quanto possível, se limitar a ele, e somente ele tinha de ser destacado. Afinal, a *Vontade*, como o absolutamente coletivo, é, por isso, justamente também o *comum*. Assim, tudo o que toma a dianteira com ímpeto e com base nela é *comum*: por conseguinte, nos lança para baixo, para uma mera amostra ou um exemplar do gênero, pois revelamos, então, somente o caráter dele. Comum, deste modo, é toda ira, prazer indomável, todo ódio, todo medo, em suma, todo afeto, ou mesmo todo movimento da Vontade, que seja tão forte a ponto de predominar, decisivamente, na consciência e sobre o conhecimento, de modo a fazer com que o homem apareça mais como um ser que quer do que como um que conhece. Entregue a esses afetos, o mais grandioso dos gênios se equipara ao mais comum dos filhos da terra. Quem, pelo contrário, quer ser pura e simplesmente incomum — e, portanto, grande — nunca pode deixar os movimentos preponderantes da vontade tomarem sua consciência completamente. Ele deve ser capaz, por exemplo, de perceber a opinião odiosa dos outros sem sentir que, por meio disso, se produz a sua: sim, não há nenhuma marca mais firme de grandeza do que deixar passar despercebidas as manifestações ofensivas e prejudiciais, na medida em que elas, justamente, como inúmeros outros erros, podem ser atribuídas, sem rodeios, à fraqueza de conhecimento de quem fala, de modo que podem ser apenas percebidas e não sentidas. Com base nisso, pode-se entender o que Gracián (*Oráculo manual*, p. 289) escreve com os seguintes versos: "Nada é pior para um homem do que revelar ser um homem" (*el mayor desdoro de un hombre es dar muestras de que es hombre*).

De acordo com isso, deve-se esconder sua vontade, assim como suas genitálias, muito embora ambas sejam as raízes de nosso ser. E deve-se deixar transparecer apenas o conhecimento, como seu rosto: sob pena de se tornar comum.

Até mesmo no drama, cujo tema completo, propriamente dizendo, são os afetos e as paixões, estes aparecem como coisas facilmente vulgares. Como isso se faz notável, especialmente, nos trágicos franceses: eles não se colocam nenhum objetivo mais elevado do que apresentar as paixões. Porém, procuram esconder a baixeza disso atrás de um *"páthos"* cômico e flatulento, e de falas pontiagudas e epigramáticas. A famosa Demoiselle Rachel, muito embora tenha executado com primor o papel de Maria Stuart em seu rompimento com Elisabeth, lembrou-me uma vendedora de peixe. Além disso, nessa apresentação, as cenas de encerramento perderam todo aspecto sublime, isto é, toda verdade trágica da qual os franceses não têm qualquer compreensão. Sem nenhuma comparação, o mesmo papel é mais bem executado pela italiana Ristori, pois os italianos e alemães, apesar das grandes diferenças em muitos aspectos, realmente coincidem no sentimento pelo *íntimo*, o sério e o verdadeiro da arte, e, assim, estão nas antípodas dos franceses, a quem falta completamente aquele sentimento. Isso se revela por todos os lados. O nobre, isto é, o incomum, sim, o elevado, também é trazido para o drama, antes de mais nada, pelo conhecimento, e em oposição ao querer, pois paira livremente sobre todos aqueles movimentos da vontade e os torna, inclusive, estofo de suas considerações, como aparece especialmente em Shakespeare, e de forma particular em *Hamlet*. Caso o conhecimento se eleve ao ponto no qual a nulidade de todo querer e esforço se torne manifesta, e, em consequência disso, a vontade se suprima a si própria, somente então o drama se torna propriamente trágico e, com isso, sublime de forma verdadeira, alcançando seu fim mais elevado.

§ 337

Conforme a energia do intelecto se afrouxa ou se intensifica, a vida lhe parece tão curta, tão breve, tão fugidia que nada que lhe sucede parece digno de valor, a ponto de nos mover: pelo contrário, tudo permanece insignificante, também o prazer, a riqueza e a glória. E tanto é assim que tudo o que fracassou a alguém é impossível, com isso, que tenha gerado muito prejuízo. Ou então, pelo contrário, a vida parece ao intelecto tão longa, tão importante, tão tudo em tudo, tão difícil em seu conteúdo e tão árdua que nós nos lançamos a ela com toda a alma, com o fim de participar de seus bens, apanhar seus prêmios de guerra e realizar nossos planos. Essa última visão da vida é a imanente: é aquela que Gracián denomina com a expressão "*tomar muy de veras el vivir*" (levar a vida com seriedade); para a primeira, pelo contrário, a transcendente, é uma boa expressão a de Ovídio, "*non est tanti*" (Não é tanto [*Metamorphoses*, 6, 386]); e ainda melhor a de Platão: "οὐδέ τι τῶν ἀνθρωπίνων ἄξιόν ἐστι μεγάλης σπουδῆς" [*oudé ti tôn anthrōpínōn áxión esti megálēs spoudês*] (*nihil, in rebus humanis, magno studio dignum est* — "Nenhuma questão humana é valiosa a ponto de que nos incomodemos demais com ela"; *República*, 10, 6, p. 604 B/C).

A primeira disposição se origina, propriamente dizendo, do fato de que o *conhecer* mantém na consciência o predomínio quando se liberta da mera servidão da *vontade*, e considera objetivamente o fenômeno da vida, não podendo mais falhar em ver claramente a sua nulidade e futilidade. Na outra disposição, pelo contrário, impera o *querer*, e o conhecer está ali simplesmente para iluminar os objetos da vontade e esclarecer os caminhos para eles. O homem é grande ou pequeno, de acordo com o prevalecimento de uma ou da outra visão de vida.

§ 338

Todos tomam o fim de seu campo visual pelo fim do mundo: isso é tão inevitável no plano mental como, na visão física, a aparência de que no horizonte o céu toca a terra. Nisso repousa, entre outras coisas, também o seguinte: que todos nos medem com sua régua de medida, que, na maioria das vezes, é mera trena de alfaiate, e nós devemos nos deixar reduzir a ela. Assim como todos também projetam sobre nós sua pequenez, cuja ficção nos é concedida de uma vez por todas.

§ 339

Há alguns conceitos que existem com clareza e determinação muito raramente em alguma cabeça, enquanto sua existência, meramente por meio de seus nomes, já sobrevive com precariedade. Essa existência, porém, propriamente dizendo, apenas designa o lugar de um conceito sem o qual tudo se perde por completo. É o caso, por exemplo, do conceito de *sabedoria*. Quão vago ele é em quase todas as cabeças! Vejamos as explicações dos filósofos.

Sabedoria não me parece designar uma perfeição meramente teórica, mas também prática. Eu a definiria como o conhecimento exato e completo das coisas, no todo e em geral, que se impôs aos homens tão completamente, de modo que ele também se destaca em suas ações, pois conduz seu agir por todos os lados.

§ 340

Tudo que é originário, e, com isso, todo real age no homem, e, enquanto tal, como as forças da natureza, de modo *inconsciente*. O que atravessou a consciência se torna, justamente por isso, uma representação: em consequência, a expressão da consciência é, de certo modo, a comunicação de uma representação. Com isso, todas as propriedades reais do caráter e do espírito são originalmente inconscientes, e somente enquanto tais produzem impressões profundas. Todo consciente é do tipo de coisa que já foi retocada, e é intencional, e então passa à afetação, isto é, à ilusão. O que conduz o homem inconscientemente não lhe custa nenhum esforço; porém, nenhuma quantidade de esforço pode tomar o seu lugar: a origem das concepções originais é desse tipo, elas permanecem na base de todas as realizações reais e compõem o cerne delas. Sendo assim, somente o inato é real e convincente, e todos que querem realizar algo devem, em cada coisa, na ação, no escrever, no formar, *seguir as regras sem as compreender.*

§ 341

É certo que muitos agradecem a felicidade de sua vida, meramente, à circunstância de possuir um sorriso agradável pelo qual conquista os corações. Contudo, faz melhor aos corações ter cautela, e saber, a partir da memória de Hamlet: *"that one may smile, and smile, and be a villain"* (Que alguém pode sorrir, e sorrir, e ser um vilão).[145]

§ 342

Pessoas de características esplêndidas e grandiosas fazem pouco-caso de confessar seus erros e fraquezas ou deixá-los visíveis. Elas os consideram algo a que devam pagar ou, inclusive, pensam, antes, que, caso essas fraquezas lhes sejam motivo de vergonha, estarão lhes prestando honrarias. Esse é o caso especialmente de quando se trata de erros que estão em conexão com as características grandiosas, na qualidade de *conditiones sine quibus non* (condições indispensáveis) suas. Conforme a expressão já citada acima, de George Sand: *"Chacun a les défauts de ses vertus".*[146]

---

145. Não faz muito sentido ler esse aforismo como uma crítica radical ao riso, pois em *Aforismos para a sabedoria de vida*, Schopenhauer escreve que "o que nos torna mais imediatamente felizes" (SCHOPENHAUER, 2002, p. 16) é, justamente, a alegria de espírito (*Heiterkeit des Sinnes*), a qual se estampa, sobretudo, em nossa capacidade de sorrir. De modo geral: "Quem muito ri é feliz, e quem muito chora é infeliz" (idem, p. 17). Na sequência, o autor também critica a seriedade inquebrantável dos cobiçosos ou avarentos, que, embora tente passar a impressão de revestir grandes empreendimentos, caso demande o sacrifício da alegria de espírito, saúde ou paz interior, sempre tornará seu usuário alguém "tão tolo quanto tantos outros que tenham declaradamente por símbolo um gorro de bobo". (N.T.)

146. "Todos têm os defeitos de suas virtudes." (N.T.)

Pelo contrário, existem pessoas de bom caráter e cabeça irrepreensível que nunca respondem por suas poucas e menores fraquezas. Ao invés disso, tentam escondê-las cuidadosamente, e também que são muito susceptíveis contra qualquer alusão a elas: justamente porque todo seu mérito consiste na ausência de falhas e defeitos, de modo que se sentem diminuídas de forma direta por qualquer falha sua que possa vir à tona.

§ 343

Modéstia com as capacidades medíocres é mera sinceridade: com os grandes talentos, é dissimulação. Por isso, amor-próprio[147] aberto e declarado e consciência franca de forças atípicas são tão decorosos aos últimos talentos como aos primeiros é a modéstia: muitos bons exemplos disso são fornecidos por Valerius Maximus em *Factorum et dictorum memorabilium libri,* no capítulo *"De fiducia sui".*

§ 344

Na habilidade do *adestramento,* o ser humano, de fato, supera todos os animais. Os muçulmanos são adestrados a dirigir seu rosto para Meca cinco vezes ao dia, para orar, e o fazem ininterruptamente. Os cristãos são adestrados a fazer uma cruz, se inclinar e outras coisas semelhantes, em diversas ocasiões. Como, sobretudo, a religião não é a verdadeira obra-prima do adestramento?! E, em particular, o adestramento da capacidade de pensar?! Nessa linha, sabe-se que nunca é cedo demais para começar: não há nenhum absurdo tão flagrante a ponto de não poder ser inserido de modo tenaz na cabeça de todos, caso se comece, em absoluto, antes do seu sexto ano de vida, a gravar-se neles com predições ininterruptas e a seriedade mais solene. Afinal, como o adestramento dos animais, também o dos homens é conquistado com plenitude somente na juventude mais precoce.

Os nobres são adestrados a apenas tomar por sagradas suas palavras de honra e a acreditar, firme e cerimoniosamente, e com uma seriedade plena, no grotesco código de honra dos cavaleiros. Além disso, eles são adestrados a selar sua adesão a esse código, nos casos necessários,

---

147. O termo empregado aqui por Schopenhauer, *Selbstgefühl*, significa, ao pé da letra, "sentimento de si", o que não faz muito sentido em português. Portanto, preferimos traduzi-lo por "amor-próprio". (N.T.)

com a própria morte, e a realmente ver o rei como um ser de tipo superior. Nossos modos de cortesia e cumprimentos, em especial nossas atenções repletas de respeito com as damas, também derivam de adestramentos, e, igualmente, nosso respeito por nascimento, posição e título. Isso não vale menos para nossos ressentimentos pelas contraposições que nos são dirigidas: os ingleses são adestrados a tomar por um insulto fatal a censura de que não são *cavaleiros*, e, mais ainda, o de que mentem. Os franceses, a fazerem o mesmo quando são chamados de covardes (*lâche*), e os alemães, de estúpidos. E assim por diante. Muitas pessoas são adestradas a ter uma honradez inquebrantável de *um* tipo determinado, enquanto, em todas as outras situações, apresentam muito pouco dela. Portanto, muitos não roubam dinheiro, mas tudo o que é imediatamente desfrutável. Inúmeros comerciantes trapaceiam sem escrúpulos, mas, de roubar, absolutamente se privam.

§ 344a

O médico vê os homens em suas plenas fraquezas; o jurista, em suas plenas ruindades; e o teólogo, em suas plenas tolices.

§ 345

Na minha cabeça existe um partido de oposição permanente ativo e que polemiza sobre tudo o que faço ou que decido; e inclusive quando se trata de uma reflexão madura; o que é feito, porém, sem que se tenha sempre razão com isso. Esse partido é somente uma forma de espírito examinador e corretor, mas que com frequência me faz censuras imerecidas. Suponho que isso também aconteça com muitas outras pessoas: afinal, quem não deve dizer a si próprio:

> (...) *quid tam dextro pede concipis, ut te*
> *Conatus non paeniteat, votique peracti?*
> [(...) o que você começou desse jeito,
> Que não deverá se arrepender pela tentativa ou desejo de êxito?]
> (Juvenal, *Saturae*, 10, 5.)

§ 346

Tem muita força de *imaginação* aquele cujas *atividades cerebrais e intuitivas* são fortes o suficiente para que não precise, continuamente, do estímulo dos sentidos para desempenhar bem sua função.

Em associação com isso, a força da imaginação é ainda mais ativa quanto menor for a intuição externa que nos é trazida por meio dos sentidos. Longa solidão na prisão ou no hospital, quietude, entardecer e escuridão propiciam essa atividade: sob sua influência, ela começa espontaneamente seu jogo. Por outro lado, quando é dada à intuição muita matéria real e externa, como nas viagens, reviravoltas do mundo ou no meio-dia claro, a força da imaginação nos abandona e inclusive se intimida; não consegue muito na prática, e percebe que não é o seu momento.

Por isso, para se revelar frutífera, a força da imaginação deve ter muito material do mundo externo, pois somente este preenche seu depósito. Porém, ocorre com a alimentação da fantasia o mesmo que com a do corpo: quando lhe é dado em um só momento muito alimento externo, e que ele agora tem de digerir, então, se mostra o mais incapaz possível de fazer qualquer coisa, e prefere descansar, e é justamente essa alimentação pela qual ele deve todas as suas forças, e que depois, e em seu tempo certo, ele externalizará.

§ 347

As *opiniões* obedecem à lei do balanço do pêndulo: se saem do centro de gravidade rumo a um lado, também deverão voltar depois para o outro. Só com o tempo elas encontram o ponto certo de descanso e se firmam.

§ 348

Assim como, no espaço, o afastamento diminui tudo porque contrai tudo, e, por isso, os defeitos e as desproporções das coisas desaparecem, de modo que tudo aparece de modo muito mais belo em um espelho redutor ou em uma câmera escura do que na realidade, justamente da mesma maneira também atua, no tempo, o passado: as cenas e os acontecimentos que ficaram bem para trás, junto às pessoas que neles atuavam, se oferecem, na memória, como queridos, enquanto todo o inessencial e o incômodo são perdidos. O presente, que carece dessa vantagem, está sempre ali, insuficiente.

E como, no espaço, os objetos pequenos se mostram grandes quando próximos e quando muito próximos, como que preenchendo todo nosso campo visual, porém, tão logo nos distanciamos deles, se tornam pequenos e discretos, igualmente, no tempo, os pequenos acontecimentos, as mudanças e as situações que se sucedem em nossa vida cotidiana e em nossas transformações nos parecem grandes, significativos, importantes quando atuais, ou como coisas que estão diante de nós, despertando nossos afetos, preocupações, desgostos e paixões. Contudo, tão logo a infatigável tormenta do tempo reduz tudo a algo meramente distante, as coisas se tornam insignificantes, não merecedoras de nenhuma atenção, e logo são esquecidas, pois sua grandeza só dependia de sua proximidade.

§ 349

Uma vez que *alegria e tristeza* não são *representações*, mas afetos da vontade, não ficam no domínio da memória, e nós não podemos resgatá-las *em si mesmas* e enquanto tais, ou seja, renová-las. Apenas as representações que as acompanhavam podem nos representar novamente, mas, em particular, podemos nos recordar das experiências que tivemos naqueles momentos a partir dessas representações e, assim, considerar como eram nossa alegria e nossa tristeza. Com isso, nossas lembranças destas sempre são imperfeitas, e elas nos são indiferentes quando passadas. Sendo assim, é inútil nos esforçarmos, às vezes, para reavivar os prazeres ou as dores do passado, pois a essência de ambos repousa propriamente na vontade, e esta, contudo, em si e enquanto tal, não tem memória, que em si mesma é uma função do intelecto. Este, por sua vez, conforme sua natureza, não fornece nem contém nada além de meras representações, mas essas não são, por fim, aqui o assunto. É estranho que, nos dias ruins, possamos nos representar muito vividamente os dias felizes passados. Mas que, nos dias bons, apenas recordamos dos ruins de modo imperfeito e frio.

§ 350

Para a *memória*, a desordem e a confusão do que se aprende são algo a que temer; mas não é temível, propriamente dizendo, a sua superlotação. A capacidade da memória não é diminuída por meio do que se aprende, assim como as formas nas quais a areia é moldada sucessivamente não diminuem sua capacidade de receber novas formas. Nesse sentido, a memória não tem fundo. Porém, quanto mais conhecimentos, e multifacetados, alguém tiver, de mais tempo precisará para encontrar o que, de súbito, e momentaneamente, lhe é exigido. Afinal, essa pessoa se assemelha a um vendedor que deve buscar uma mercadoria desejada em uma grande e variada loja. Ou, para dizê-lo com mais propriedade, porque essa pessoa, com base em tantas linhas de raciocínio que lhe são possíveis, tem que pegar apenas *aquela* que lhe conduz, em consequência da exercitação prévia, ao desejado. A memória não é um recipiente de conserva, mas apenas uma capacidade de exercício das forças mentais. Portanto, a cabeça possui todo seu conhecimento apenas em *potentia*, não em *actu* (para mais sobre isso, remeto o leitor ao § 45 da segunda edição de meu manuscrito sobre o princípio de razão).[148]

§ 350a

Às vezes, minha memória não quer reproduzir uma palavra em uma língua estrangeira, ou um nome, ou uma expressão artística, apesar de eu conhecê-la muito bem. Depois de eu ter, então, por muito ou pouco tempo, me atormentado inutilmente com isso e posto o assunto completamente de lado, é comum que, dentro de uma ou duas horas, raramente mais que isso, embora, às vezes, somente depois de quatro a seis semanas, me apareça a palavra buscada, e de forma repentina, no meio de pensamentos completamente outros, como se ela me tivesse sido segredada desde fora (nesse caso, é bom fixá-la por meio de um distintivo, até que seja fixada de novo na memória). Depois de eu ter observado e me admirado por anos com esse fenômeno, se me tornou verossímil a seguinte explicação: depois de pesquisar dolorosa e inutilmente, minha vontade ficou com um apetite pela palavra e, assim, encomendou uma espia dela ao intelecto. Tão logo, mais tarde, no curso e no jogo de meus

---

148. Tomo 3, p. 175ss [No § 45 aqui indicado, Schopenhauer alude à metáfora de Platão segundo a qual a memória se assemelha a uma "massa tenra que recebe e retém impressões. Ainda mais apropriada" (SCHOPENHAUER, 1986e, p. 210), porém, lhe parece a comparação da memória com "um lenço que volta a fazer por si mesmo as dobras em que normalmente é dobrado". Essa segunda imagem é mais adequada porque expõe não somente a contração das marcas por meio do exercício, mas também o aspecto serial com que elas se seguem uma à outra: um lenço facilita as etapas de uma dobragem quanto mais vezes for dobrado dessa maneira, assim como a memória também passa de uma a outra representação quanto mais foi habituada a fazê-lo (esse efeito não possui uma massa tenra que foi dobrada várias vezes da mesma maneira). A definição de memória apresentada por Schopenhauer nesse texto é a de uma "peculiaridade do sujeito cognoscente pela qual ele obedece à vontade na atualização das representações tanto mais facilmente quanto mais frequentemente as manteve presentes, isto é, trata-se de sua *capacidade de exercitação*" quanto às representações mentais (idem). No mesmo livro, ele também assinala que: "Todos possuem uma memória maior para aquilo que lhes interessa, e uma menor para o resto. Por isso, as grandes mentes se esquecem de modo incrivelmente rápido dos pequenos assuntos e incidentes de sua vida cotidiana, bem como dos homens insignificantes que vêm a conhecer. Já os homens de cabeça limitada se recordam de tudo perfeitamente. Não obstante, as grandes mentes têm uma memória boa, às vezes até estupenda, para as coisas que lhes importam e que lhes são significativas em si mesmas" (idem, p. 177). (N.T.)

119

pensamentos, qualquer palavra que apareça acidentalmente tenha um início parecido com o daquela, ou qualquer outra semelhança, a espia salta adiante e a completa com a buscada, a qual então agarra e, súbita e triunfalmente, traz, como que pela cauda, sem que eu saiba como e onde ela a aprisionou. Desse modo, parece como que se nos tivesse sido segredado. Ocorre, então, com isso, algo semelhante a quando uma criança que não sabe dizer um vocábulo, e o professor, finalmente, lhe diz baixinho sua primeira letra, e depois a segunda, e então, lhe vem a palavra. Onde essa sequência deixar de vir, procurar-se-á, no fim das contas, a palavra, metodicamente, e com todas as letras do alfabeto.

Imagens intuitivas se fixam de um modo mais firme na memória do que meros conceitos. Por isso, as mentes fantasiosas aprendem as línguas mais facilmente do que os demais, pois conectam imediatamente a imagem intuitiva das coisas com as palavras aprendidas, enquanto os demais apenas ligam as palavras equivalentes no próprio idioma com elas mesmas.

Caso se busque o que possa ser incorporado o máximo possível à memória, deve-se reportar-se sempre a uma imagem intuitiva, seja imediatamente, por meio de um mero exemplo da coisa, ou com a ajuda de uma simples comparação, um análogo ou algo do tipo. Afinal, tudo que é intuitivo se fixa de um modo muito mais firme do que a mera memória *in abstracto* ou formada só de palavras. Sendo assim, nós guardamos muito melhor o que vivenciamos do que o que lemos.

O nome *mnemônica* não consiste tanto na arte de transformar a memorização imediata, por meio de brincadeiras, em mediata, mas, pelo contrário, mais em uma teoria sistemática da memória, que expõe todas as suas particularidades e as deduz de sua natureza essencial, e, portanto, umas das outras.[149]

§ 351

Se aprende algo uma e outra vez, mas se esquece disso no mesmo dia.

Assim, nossa memória se parece com uma peneira que, com o passar do tempo e com o uso, tem sempre menos impermeabilidade.

---

149. Payne traduz esse parágrafo para o inglês de maneira problemática, pois coloca ambas as funções da mnemônica em pé de igualdade: "*The word* mnemonics *appertains not only to the art of (...) but also to a systematic theory of memory*" (A palavra *mnemônica* pertence não só à arte de (...) mas também a uma teoria sistemática da memória). Porém, Schopenhauer apresenta a primeira descrição por meio da expressão "*nicht sowohl*" (não ... tanto) e introduz a segunda com a palavra *vielmehr* (mas, pelo contrário): com isso se evidencia que a segunda descrição lhe parece mais exata do que a primeira. (N.T.)

Ou seja, à medida que nos tornamos mais velhos, mais rapidamente desaparece da memória o que acabamos de lhe confiar. Por outro lado, permanece fixo o que nos primeiros tempos foi guardado. As lembranças de um idoso, assim, são tão mais claras quanto mais retrocedem ao passado e mais nebulosas quanto mais se aproximam do presente. Deste modo, da mesma forma como seus olhos, também sua memória se torna míope (πρέσβυς) [présbys].[150]

§ 352

Existem momentos na vida em que, sem nenhum motivo externo e especial, mas graças a um incremento na sensibilidade que só é possível explicar fisiologicamente, e que sai como que de dentro, a consideração sensível do ambiente e do presente recebe um grau de clareza mais elevado e raro, por meio do qual esses momentos são, depois, gravados na memória indelevelmente e se conservam com toda sua individualidade. Isso acontece sem que saibamos por que, e qual a razão de, em vários milhares de momentos que lhe são semelhantes, justamente esse, e de modo tão acidental, tenha passado por isso; como aqueles exemplares individuais de espécies de animais perdidos que se preservam em extratos de pedras ou como os insetos que se imprimem acidentalmente em livros ao serem fechados. As recordações desse tipo são sempre lindas e agradáveis.

Quão belas e significativamente se apresentam tantas cenas e acontecimentos de nossa vida passada, apesar de que, naqueles momentos, tenhamos os deixado passar sem qualquer estima especial! Mas eles devem passar, apreciados ou não, pois são justamente as *pedras do mosaico* a partir das quais se compõe a imagem recordatória de nosso decurso de vida.

§ 353

Que, às vezes, e aparentemente sem motivo, cenas há muito tempo passadas, de súbito, e vividamente, nos reencontram na memória pode vir, em muitos casos, do fato de que um cheiro mais leve, e que não chega à clara consciência, foi agora percebido, e justamente como naquele tempo. Afinal, é bem sabido que os cheiros despertam a memória de

---

150. Idosa. (N.T.)

modo fácil e especial, e o *nexus idearum*[151] sempre precisa apenas de um estímulo bem pequeno para se iniciar. Acrescento ainda de passagem: a visão é o sentido do entendimento (Cf. *Vierfache Wurzel*, § 21); a audição é o da razão (Cf. acima, § 311); e o olfato, o da memória, como vemos aqui. O tato e o paladar são realistas e atados ao contato, sem um lado ideal.[152]

§ 354

Ainda sobre as particularidades da memória há o fato de que, frequentemente, uma leve embriaguez amplifica bastante as memórias dos tempos e cenas passados, de modo que todas as suas circunstâncias são resgatadas com mais perfeição do que se conseguiria fazer em estado de sobriedade. Porém, a lembrança do que, durante a embriaguez, foi realmente dito ou feito, é menos perfeita do que a de outrora; e, sim, depois de uma forte embriaguez pode não haver qualquer recordação. Dessa forma, a embriaguez aumenta a memória, mas lhe fornece pouco material.

§ 355

O delírio falsifica a intuição; a loucura, o pensamento.[153]

§ 356

Que a menor de todas as atividades do espírito seja a aritmética se segue do fato de que ela é a única que também pode ser executada por uma máquina, como agora, na Inglaterra, algo semelhante a uma máquina de somar já é usado por conveniência. Porém, remetem-se agora todas as análises *finitorum et infinitorum*[154] ao fundamento da aritmética, e depois louva-se a "profundeza da matemática". Disso já troçou Lichtenberg, ao afirmar que: "Os assim chamados matemáticos de

---

151. A conexão de ideias. (N.T.)
152. Com a expressão "lado ideal", Schopenhauer se refere àquilo que é estritamente subjetivo em nós. (N.T.)
153. Schopenhauer emprega, aqui, o termo *Gedanken*, que significa "pensamento". Nos demais textos sobre a loucura, porém, ele especifica que é a memória a faculdade do pensamento prejudicada por essa patologia. (N.T.)
154. Do finito e do infinito. (N.T.)

profissão receberam um crédito de profundidade, com base na infantilidade do resto dos homens, que tem muita semelhança com a santidade que os teólogos estabeleceram para si". (*Vermischte Schriften*, I, p. 198).

§ 357

Via de regra, as pessoas de grandes capacidades se dão melhor com as de cabeça extremamente limitada do que com as de cabeça mediana: e pelas mesmas razões pelas quais o déspota e o plebeu, assim como os avós e os netos, são aliados naturais.

§ 358

Os homens necessitam de atividades externas, pois não têm atividades internas. Onde, porém, estas existem, aquelas são uma perturbação e uma interrupção muito inoportunas: sim, frequentemente, são uma maldição. Pelo contrário, predomina neles o desejo por silêncio e paz quanto ao externo, assim como por ócio. Desde o ângulo da primeira condição, são explicáveis a inquietude e, por parte dos desocupados, a procura por viagens sem objetivos. O que, porém, os caça pelos países é o mesmo tédio que, em casa, os conduz e aperta massivamente de um modo cômico de se ver.[155] Uma excelente confirmação disso me deu uma vez um homem de 50 anos que me era desconhecido e que me contou de sua viagem de lazer por dois anos, pelos países mais longínquos e porções do mundo mais remotas: diante de meu comentário de que ele deve ter passado por diversos perigos, fadigas e privações, ele me disparou uma resposta rápida e sem preâmbulo, mas que, sob o pressuposto da entimema, é a mais ingênua possível: *Eu não tive nenhum momento de tédio.*

§ 359

Não me admira que essas pessoas sofram de tédio quando se encontram sozinhas: afinal, elas não podem rir sozinhas, pois isso lhes pareceria insano. É, porém, o sorriso um mero sinal para os outros ou um código, como uma palavra? Falta de fantasia e de vivacidade de espírito em geral

---

155. Além disso, o tédio é a fonte dos males mais sérios de todos. Os jogos, o alcoolismo, a perda ostensiva de dinheiro, as intrigas e muitas outras coisas semelhantes, quando se vai aos fundamentos das coisas, se vê que a sua origem é o tédio.

(*dullness*, ἀναισθησία καὶ βραδύτης ψυχῆς,[156] [*anaisthēsía kaì bradýtēs psychês*] como diz Theophrasto [*Characteres*, cap. 14, p. 60]): isso é o que lhes retém a risada quando sozinhos. Os animais não riem, nem sozinhos nem em grupo. Myson, o misantropo, estava sorrindo sozinho e com expressividade quando lhe surpreenderam. Quando foi questionado por que sorria, se estava sozinho, a sua resposta foi: "Justamente, por isso, eu sorrio".

§ 360

Quem, com temperamento fleumático, é apenas um parvo, com o sanguíneo, seria um tolo.

§ 361

Quem não frequenta o teatro se compara a alguém que se arruma no banheiro sem se olhar no espelho — porém, faz ainda pior aquele que toma suas decisões sem consultar um amigo. Afinal, uma pessoa pode ter o juízo mais acurado e correto quanto a tudo, mas somente em seus próprios assuntos que não; pois, neles, a vontade embriaga imediatamente os conceitos do intelecto. Portanto, deve-se aconselhar; e pelas mesmas razões pelas quais um médico cura a todos, mas não a si próprio, e deve chamar um colega.

§ 361a

A *gesticulação* natural e cotidiana que acompanha qualquer diálogo animado é uma língua própria e, de fato, algo mais universal do que as palavras, pois independe destas, e é a mesma em todas as nações. Por isso, todos fazem uso da gesticulação, e de acordo com sua intensidade; e, com alguns povos em particular — por exemplo, os italianos —, ela ainda recebe um pequeno acréscimo de gestos meramente convencionais e que só possuem validade local. Sua universalidade é análoga à da lógica e à da gramática, uma vez que repousa nessas, pois a gesticulação exprime somente o formal e não o material de qualquer fala. Ela se distingue, porém, da lógica e da gramática pelo fato de que não se aplica somente ao intelectual, mas também ao moral, isto é,

---

156. Estupidez, insensibilidade e tédio do espírito. (N.T.).

aos movimentos da vontade. E, nesse sentido, acompanha o discurso como um baixo fundamental faz com a melodia, servindo, como o baixo, para amplificar o efeito desta. Muito interessante, porém, é a completa identidade dos gestos de todos, uma vez que o *formal* do discurso é o mesmo; e quão heterogêneo é o *material* e, portanto, o estofo de qualquer discurso, isto é, o assunto de cada caso. Sendo assim, posso ter uma conversa animada, algo como que a partir de uma janela, sem escutar qualquer palavra, e, de fato, entender o universal, isto é, o sentido típico e formal do que me é transmitido, pois percebo, sem artifícios, que agora o interlocutor argumenta, expõe suas razões, e depois as limita, relaciona, e extrai a conclusão triunfalmente. Ou, então, que ele se refere a algo que se mostra palpavelmente como uma injustiça cometida: a obstinação, a imbecilidade, a intratabilidade do opositor é descrita, aqui, de modo vívido e acusatório. Ou, então, que ele narra como concebeu e executou um bom plano, e expõe orgulhosamente seu êxito; ou lamenta como que, desfavorecido pelo destino, sofreu uma consequência ruim. Por outro lado, também posso vê-lo confessando seu desespero na situação atual ou contando como percebeu, leu as maquinações dos outros a tempo, e com a reivindicação de seus direitos ou com o uso de seu poder, as baldou e puniu seus autores. E mais centenas de coisas semelhantes. Propriamente dizendo, porém, o que a mera gesticulação me endereça é o conteúdo, em essência, intelectual e moral de toda uma conversa *in abstracto*, e, portanto, a quintessência, a verdadeira substância sua, que, sob as mais distintas ocasiões, e, consequentemente, sob os mais diversos assuntos, é idêntica e se relaciona com os últimos como um conceito se relaciona com os indivíduos que se subsomem a ele. O mais interessante e espirituoso nisso, como já dito, é a completa identidade e estabilidade dos gestos para designar as mesmas situações, até quando são usados pelas pessoas dos tipos mais diversos. Sendo assim, esses gestos são absolutamente como as palavras de uma língua que na boca de todos permanece a mesma, e que apenas aparecem sob algumas modificações, por meio de pequenas diferenças de pronúncia ou de formação, já que as pessoas que as usam também são distintas. De fato, essas formas de gesticulação, que são seguidas de modo universal e contínuo, não têm por base nenhum acordo, mas são naturais e originais, consistindo em uma verdadeira linguagem da natureza, apesar de poderem ser fixadas pelo hábito e pela imitação. Um estudo detalhado deles cumpre, como é sabido, ao ator, e, em extensão menor, ao orador público: esse estudo deve repousar, sobretudo, na observação e na imitação, pois esse assunto não pode ser reportado a regras abstratas, com a exceção de alguns poucos princípios condutores completamente universais, como, por exemplo, o de que a gesticulação não se segue da palavra, mas deve anteceder-lhe por inteiro, como que anunciando-a, e, assim, despertando a atenção.

Os ingleses têm um desprezo particular pela gesticulação, e a tomam por uma atitude indigna e medíocre: a mim, parece que isso é só mais um dos preconceitos simplórios da afetação inglesa. Afinal, ela consiste na língua que a natureza nos deu a todos nós, e que todos entendem, de modo que desaprová-la e suprimi-la apenas em nome do louvado cavalheirismo é algo muito duvidoso.

REFERÊNCIAS BIBLIOGRÁFICAS

1. SCHOPENHAUER, A., *Die Welt als Wille und Vorstellung*, Band II. In: SCHOPENHAUER, A. *Sämtliche Werke*. Org.: W. F. von Löhneysen. Stuttgart/Frankfurt am Mein: Suhrkamp, 1986, vol. 2.

2. _____. *Parerga und Paralipomena*, Band II. In: SCHOPENHAUER, A. *Sämtliche Werke*. Org.: W. F. von Löhneysen. Stuttgart/Frankfurt am Mein: Suhrkamp, 1986, vol. 5.

Este livro foi impresso pela PlenaPrint Gráfica e Editora
em fonte Minion Pro sobre papel Pólen Bold 70 g/m^2
para a Edipro no inverno de 2023.